鹅病类症鉴别与诊治彩色图谱

主　编　靖吉强
副主编　武世珍　赵　强
参　编　李　婧　提金凤　迟灵芝　宋莎莎
　　　　安善军　蔡　明　李延真　冯　霞
　　　　刘兴明　亓丽红　王　成　王海岩
　　　　李富言　李春江

机械工业出版社
CHINA MACHINE PRESS

本书以“看图识病、类症鉴别、综合防治”为目的，从生产实际和临床诊治需要出发，结合笔者多年的临床教学和诊疗经验进行介绍，内容包括病毒性疾病、细菌性疾病、寄生虫病和普通病的鉴别诊断与防治，附录还详细列出了被皮、运动和神经系统疾病的鉴别诊断，消化系统疾病的鉴别诊断，呼吸系统疾病的鉴别诊断，产蛋率下降疾病的鉴别诊断。

本书图文并茂，语言通俗易懂，内容简明扼要，注重实际操作，可供养鹅生产者及畜牧兽医工作人员使用，也可作为农业院校相关专业师生教学（培训）用书。

图书在版编目（CIP）数据

鹅病类症鉴别与诊治彩色图谱 / 靖吉强主编. — 北京：机械工业出版社，2024.2
ISBN 978-7-111-74603-4

Ⅰ.①鹅… Ⅱ.①靖… Ⅲ.①鹅病–鉴别诊断–图谱 ②鹅病–诊疗–图谱
Ⅳ.①S858.33-64

中国国家版本馆CIP数据核字（2024）第005877号

机械工业出版社（北京市百万庄大街22号 邮政编码100037）
策划编辑：周晓伟 高 伟 责任编辑：周晓伟 高 伟 刘 源
责任校对：张亚楠 刘雅娜 责任印制：常天培
北京宝隆世纪印刷有限公司印刷
2024年2月第1版第1次印刷
210mm × 190mm · 9印张 · 2插页 · 225千字
标准书号：ISBN 978-7-111-74603-4
定价：98.00元

电话服务
客服电话：010-88361066
010-88379833
010-68326294

网络服务
机 工 官 网：www. cmpbook. com
机 工 官 博：weibo. com/cmp1952
金 书 网：www. golden-book. com
机工教育服务网：www. cmpedu. com

前　言

近年来，随着我国畜牧业的持续发展、人民生活水平的提高和崇尚绿色食品观念的加深，以及国家建设社会主义新农村对畜牧业尤其对草食动物养殖的政策性扶持，带动了养鹅业的大发展，鹅饲养量逐年增加，饲养规模逐渐增大，形成了地区性养鹅产业，绝大多数的养鹅场和养殖大户都取得了较好的经济效益。但是，随着养鹅生产的不断发展，也增加了种鹅的流动性，为一些疫病的传播和流行创造了条件，尤其是饲养模式的改变，给养鹅生产带来了一些不可回避的问题，那就是疾病的流行更加广泛，多种疾病在同一个鹅场同时存在的现象十分普遍，混合感染十分严重，一些疾病出现了非典型和温和型，这一切都给养鹅场和养鹅大户的疾病防治提出了新问题，特别是很多疾病在临床上有很多相似的症状出现，给疾病的现场诊断带来很大困难。疾病发生后，迅速诊断是控制疾病的前提，尤其对于一些传染性疾病来讲，只有尽早做出诊断，及时采取有效措施，损失才能降到最小。基于这种现状，我们编写了本书，期望能对养鹅生产者有所帮助。

在本书编写过程中，力求图文并茂，语言通俗易懂，简明扼要，注重实际操作。本书介绍了鹅病毒性疾病、细菌性疾病、寄生虫病和普通病的鉴别诊断与防治等方面的内容，可供养鹅生产者及畜牧兽医工作人员参考，也可作为农业院校相关专业师生教学（培训）用书。

需要特别说明的是，本书所用药物及其使用剂量仅供读者参考，不可照搬。在生产实际中，所用药物学名、常用名和实际商品名称有差异，药物浓度也有所不同，建议读者在使用每一种药物之前，参阅厂家提供的产品说明以确认药物用量、用药方法、用药时间及禁忌等。购买兽药时，执业兽医有责任根据经验和对患病动物的了解决定用药量及选择最佳治疗方案。

本书在编写过程中，曾参考一些专家、学者撰写的文献资料，因篇幅所限，未能一一列出，在此表示感谢。

由于作者的理论和技术水平有限，书中不妥、错误之处在所难免，敬请广大读者批评指正。

编　者

目　录

第三章　寄生虫病

第四章　普通病

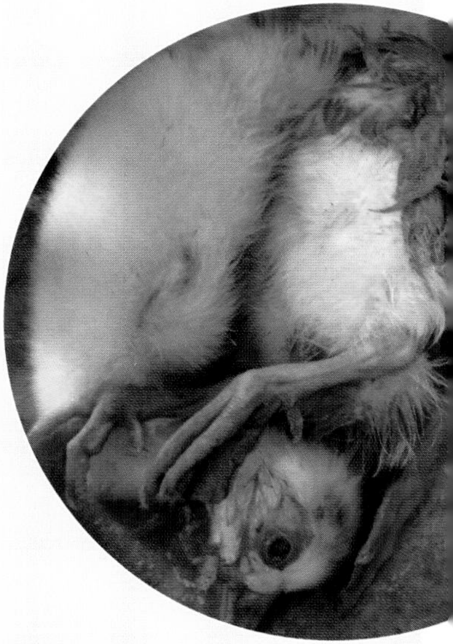

附　录

参考文献

第一章
病毒性疾病

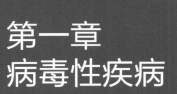

一、禽流感

简介

禽流行性感冒简称禽流感，是由A型流感病毒引起的家禽和野生禽类感染的高度接触性传染病，可呈无症状感染、不同程度的呼吸道症状、产蛋率大幅度下降，以至引起头颈部肿大、呼吸困难、下痢、腺胃乳头和肌胃角质膜下等器官组织广泛性出血、胰腺坏死、纤维素性腹膜炎和死亡率较高的急性败血症。因为野禽有作为流感病毒天然贮毒库的作用，鹅发生禽流感有时和候鸟迁徙有关。

病原

禽流感的病原为禽流感病毒，属于正黏病毒科流感病毒属的A型流感病毒。病毒粒子呈球形、杆状或长丝状。病毒表面有一层由双层脂质构成的囊膜，囊膜镶嵌着两种重要的纤突，并突出于囊膜表面。这两种纤突分别为血凝素（HA）和神经氨酸酶（NA）。

根据A型流感各亚型毒株对禽类的致病力不同，将禽流感病毒分为高致病性毒株、低致病性毒株和不致病性毒株。有些H_5或H_7亚型禽流感毒株对不同日龄和品种的鹅群都有高度致病性。

流行特点

自然界的鸟类带毒最为常见，水禽带毒较为普遍。禽流感病毒能自然感染许多种类的家禽和野禽，有些鹅源禽流感毒株除了对鹅有高致病力外，对鸡也具有高致病力。雏鹅发病率可高达100%，死亡率达95%。产蛋种鹅发病率近100%，死亡率为40%~80%。

感染鹅从呼吸道和粪便中排出病毒，主要通过水平传播，即通过易感鹅与感染鹅的直接接触或病毒污染物的间接接触传播，如通过被污染的饮水、飞沫、饲料、设备、物资、笼具、衣物和运输车辆等传播。从国内外发生的高致病性禽流感看，粪－口传播是主要的传播途径，车辆污染粪便带毒可造成大面积传播。在自然传播中通过呼吸道、消化道、眼结膜及损伤皮肤等途径都有可能受到感染，但通常以消化道为主。由于患病鹅的组织、器官、血液、分泌物、排泄物、鹅蛋中均含有病毒，病鹅污染的环境、车辆要彻底消毒，避免交叉，造成持续感染。

本病一年四季都会发生，但以冬季和早春气温骤冷骤热的季节最常发生。鹅舍温度不稳定，昼夜温差大；湿度过低或过高；通风不良，通风时风速过大、贼风直吹鹅群；寒流和雾霾等因素均能促进本病的发生。

临床症状

潜伏期一般为1~5天。由高致病力毒株，如 H_5N_1 禽流感病毒感染鹅后形成的高致病性禽流感，其临床症状多为急性经过。最急性型的病例可在感染后1天内死亡。

（1）急性型鹅禽流感　可见鹅舍内鹅群羽毛蓬松、无光泽。有异常呼吸音，病鹅尖叫、气喘、咳嗽、张口呼吸，鼻孔分泌物增多。有的表现曲颈歪头、颤抖、左右摇摆、频频点头、站立不稳、后退倒地或瘫痪等神经症状，尤其雏鹅明显。病鹅体温升高到42℃以上，精神沉郁，有的昏睡不动，食欲减退或废绝，有的尚可饮水。随着时间延长，病鹅死亡明显增多，临床症状也逐渐加重。有的病鹅头部、下颌肿胀，眼球深陷。眼分泌物增多，有时眼角有大量泡沫。眼结膜充血、出血、水肿。下痢，粪便呈黄绿色并带有大量的黏液或血液。蛋鹅产蛋率急剧下降或几乎完全停止产蛋，蛋壳变薄、褪色，软壳蛋、沙壳蛋、无壳蛋、畸形蛋增多，受精率和受精蛋的孵化率明显下降。鹅腿部无毛区鳞片下出血、瘀血，呈紫红色或紫黑色。雏鹅在发病后的5~7天死亡，死亡率有时达到100%。

（2）慢性型鹅禽流感　多由低致病性禽流感病毒引起，症状较轻，常表现高发病率低死亡率。病鹅体温升高，精神沉郁，排白色或绿色稀粪。呼吸困难，咳嗽甩头。眼睛分泌物增多，开始为浆液性，随后发展为脓性分泌物。有的共济失调，头颈后仰，抽搐、瘫痪。产蛋鹅产蛋减少，产畸形蛋、

图 1-1-1 病鹅歪头

图 1-1-2 病鹅精神沉郁，有的昏睡不动，食欲减退或废绝

图 1-1-3 病鹅眼分泌物增多

图 1-1-4 病鹅下痢，粪便呈黄绿色

沙壳蛋、薄壳蛋等。种蛋受精率、孵化率下降，孵出的雏鹅弱雏多，死亡率高。发病后期，往往出现鹅大肠杆菌病、鹅霍乱等疾病的继发感染，加重死亡率。耐过的产蛋鹅经30~45天才能逐步恢复产蛋。

病理变化

由于病毒的致病力不同，所产生的病理变化也存在差异。

（1）常见病变　低致病性禽流感病毒引起的病例常看到轻微的鼻窦炎，鼻窦可发生卡他性、纤维素性、黏液脓性或干酪性炎症；喉气管充血、出血，气管下段和支气管内有大量分泌物堵塞，肺出血、水肿；气囊炎，表现为气囊壁增厚，并有纤维素性或干酪样渗出物附着。心冠脂肪出血，心内、外膜出血，心肌呈条纹状坏死，肌纤维断裂。肠黏膜充血或轻度出血，胰腺有灰黄色斑状坏死点，胰腺腺泡坏死。肝脏肿大、出血，有时可见坏死灶。脾脏肿大、呈紫黑色，脾淋巴细胞坏死。腺胃乳头出血，肌胃胃壁出血。产蛋鹅常见卵巢退化、出血，卵泡畸形、萎缩、充血、出血、变性和破裂。输卵管黏膜充血、出血、水肿，内有白色黏稠纤维素性渗出物，似蛋清样。混合感染病例有时可见纤维素性心包炎，纤维素性腹膜炎或卵黄性腹膜炎。病鹅脑组织水肿，脑膜充血、出血，主要为非化脓性脑炎变化，神经组织坏死、空泡化。

高致病性毒株引起的病变主要是组织器官的黏膜和浆膜、肌肉，以及脂肪广泛出血。心冠脂肪、心外膜有出血斑点，心肌呈条纹状坏死，坏死的白色心肌纤维与正常的粉红色心肌纤维红白相间。腹部脂肪有出血点。胰腺液化，有黄白色坏死斑点或周边出血。腺胃乳头出血，腺胃与肌胃交界处、腺胃与食道交界处、肌胃角质膜下、十二指肠黏膜出血，肠系膜出血。喉气管黏膜充血、出血；肺出血、瘀血、水肿。盲肠扁桃体肿大及出血。有些病例还可见头颈部、腿部皮下胶样浸润，有的病例肝脏、脾脏、肾脏有灰白色坏死灶。卵泡出血。

（2）组织学病变　其组织学病变不尽相同，较常见的为心肌炎，心肌纤维坏死，胰腺炎，腺泡细胞坏死，肝脏、脾脏、肾脏、心肌充血、水肿、出血，脑血管周围形成淋巴细胞血管套，脑组织坏死，神经胶质细胞增生等。

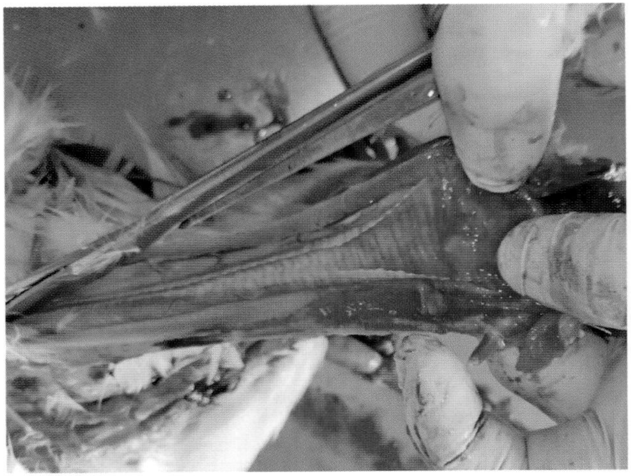

图 1-1-5 气管出血

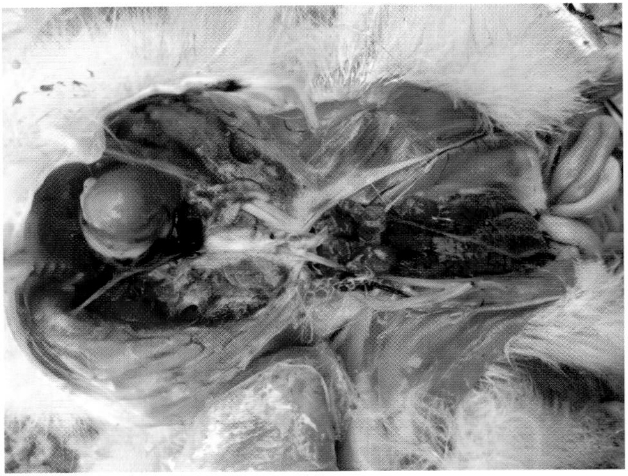

图 1-1-6 肺出血，肾脏出血

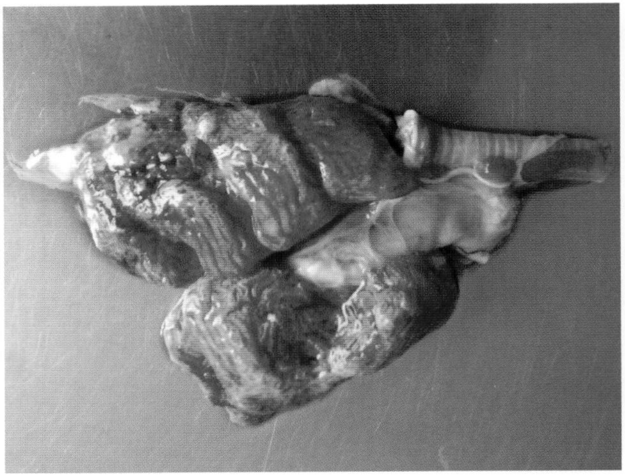

图 1-1-7 肺出血，局部实变

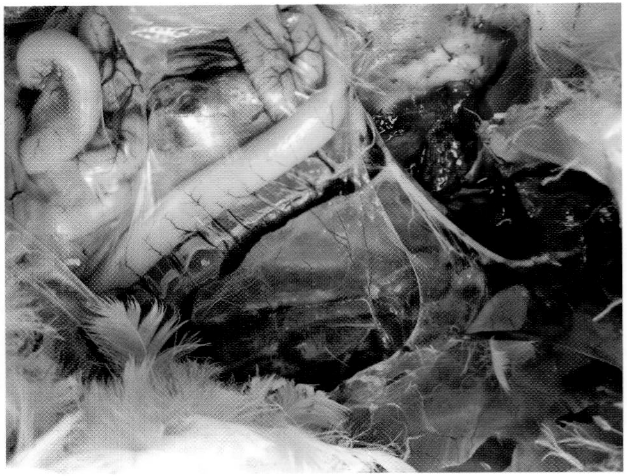

图 1-1-8 腹气囊混浊，有干酪样渗出物附着

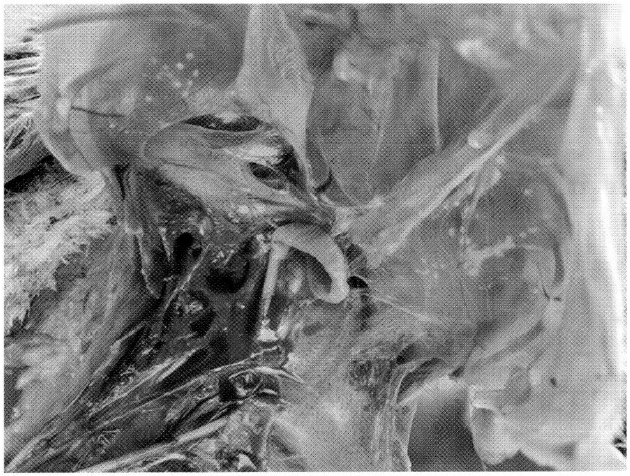

图 1-1-9　胸气囊混浊，有干酪样渗出物附着

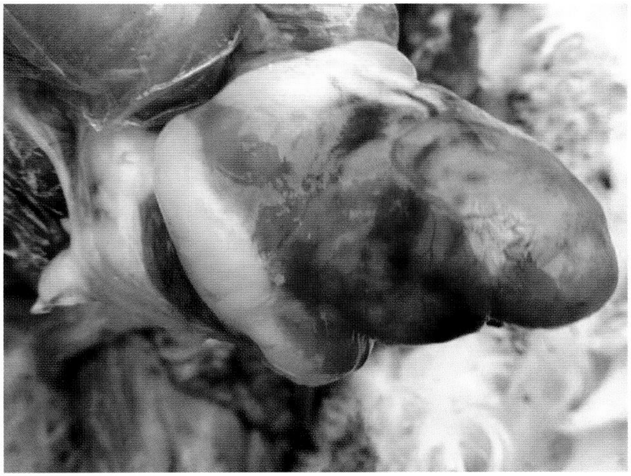

图 1-1-10　心肌有出血斑点

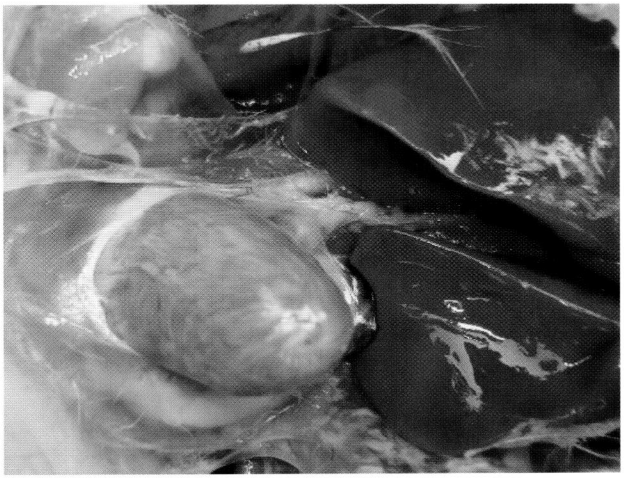

图 1-1-11　心肌呈条纹状坏死

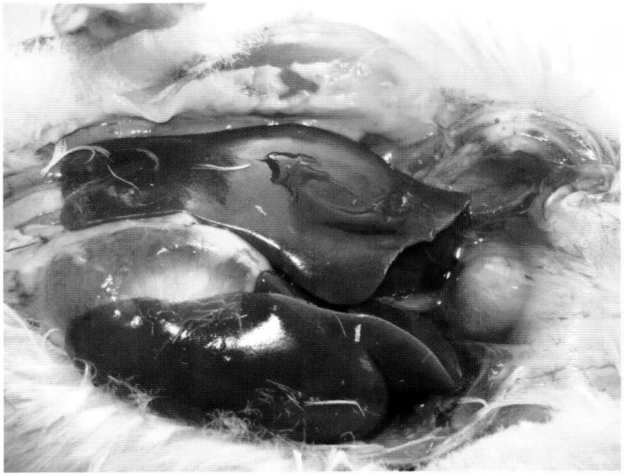

图 1-1-12　心包积液，心肌坏死

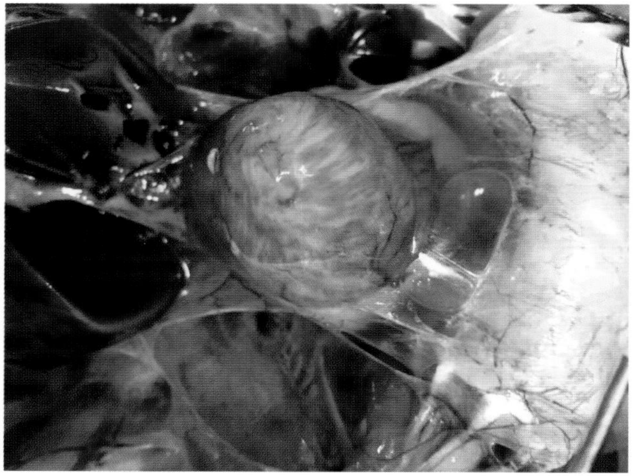

图 1-1-13 心肌坏死，胸壁有干酪样物

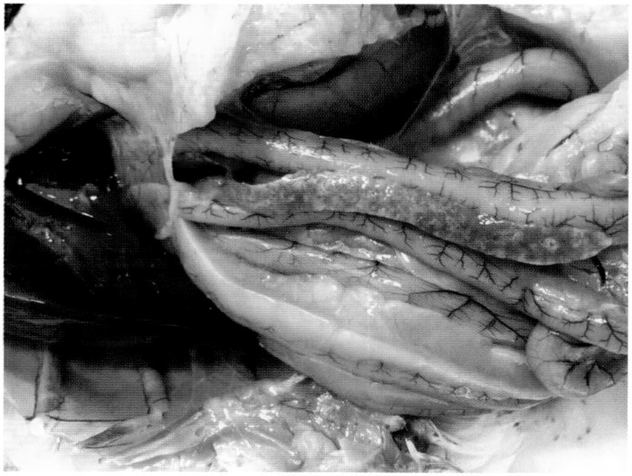

图 1-1-14 胰腺有斑状坏死点

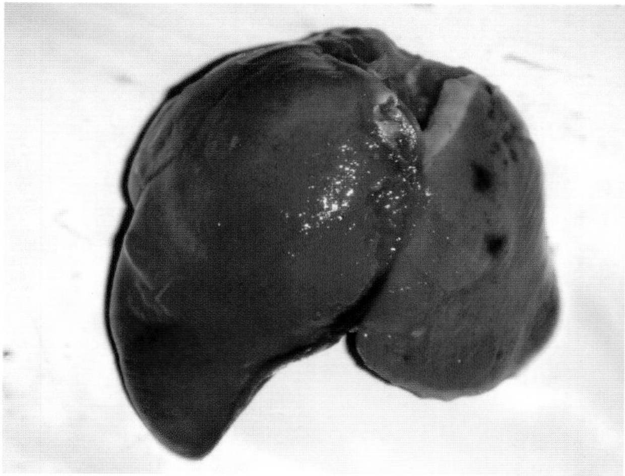

图 1-1-15 肝脏肿大、出血

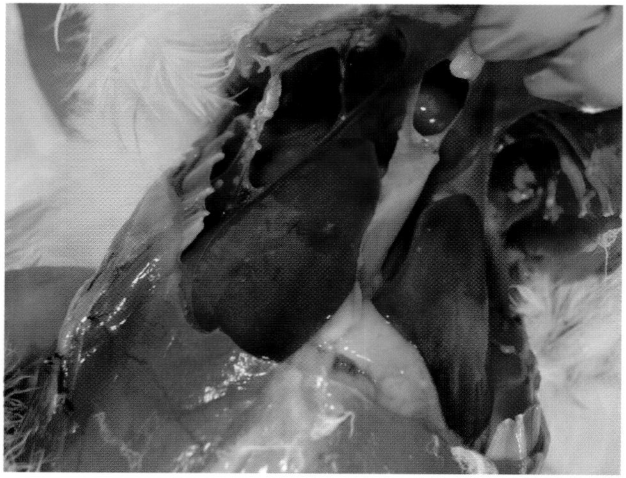

图 1-1-16 肝脏肿大，有坏死灶

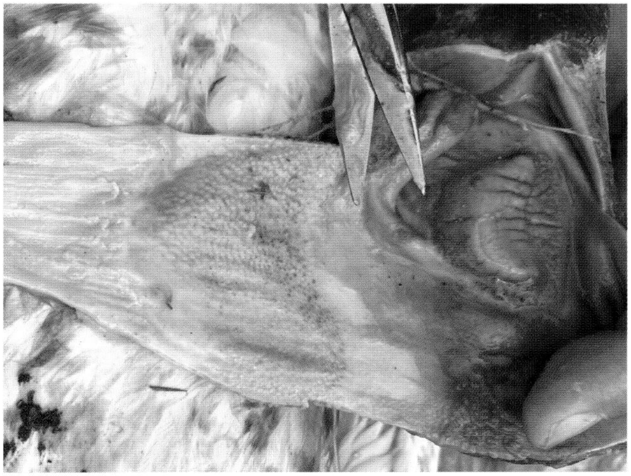

图 1-1-17 腺胃乳头出血

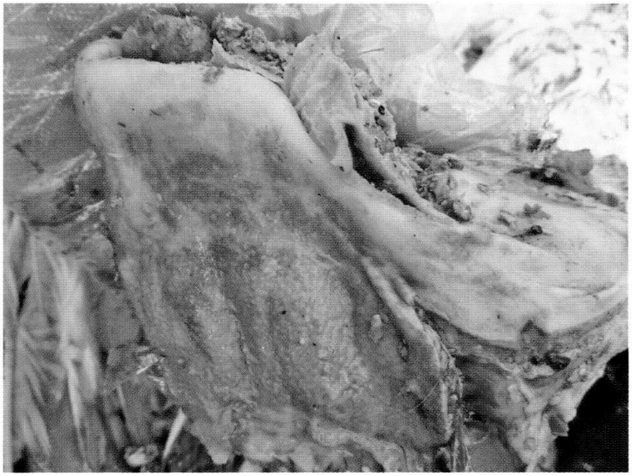

图 1-1-18 肌胃胃壁出血

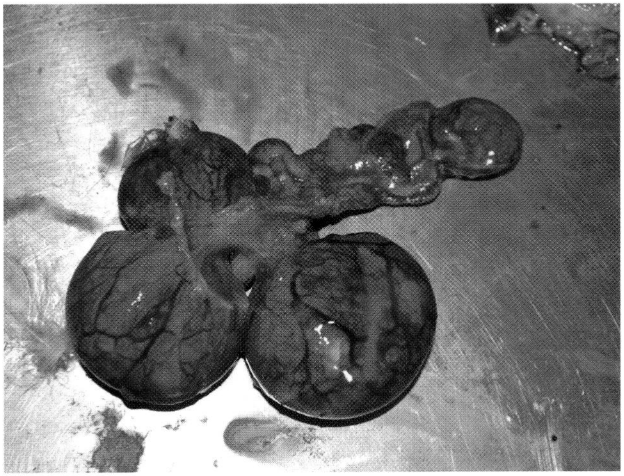

图 1-1-19 卵泡充血、出血、变性、易破裂

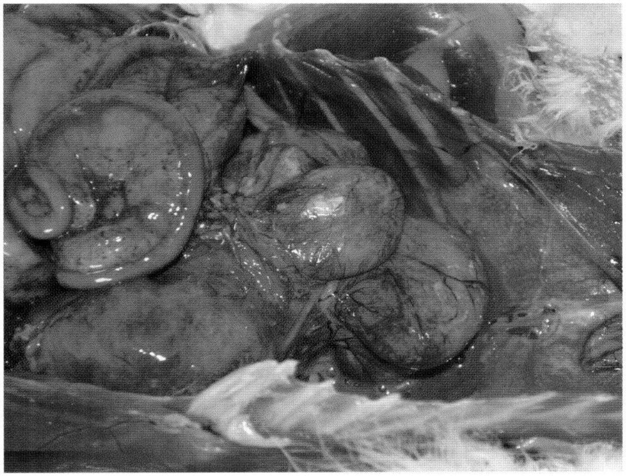

图 1-1-20 输卵管黏膜出血，内有大量渗出物

图 1-1-21 卵泡、输卵管充血、出血

图 1-1-22 病鹅头部、下颌肿胀，皮下有水肿液

图 1-1-23 肠管空虚，肠管间脂肪出血

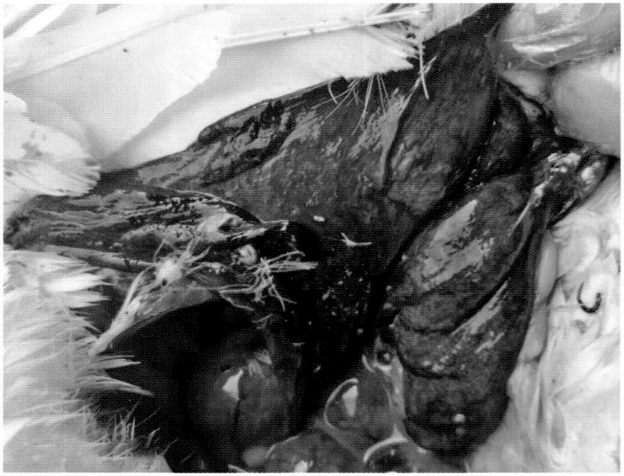

图 1-1-24 肠系膜出血

诊断要点

1）成年鹅群采食量严重下降，有神经症状，产蛋减少，大批发病及死亡。产蛋鹅发生高致病性禽流感时，在数天内能引起大批鹅发病死亡，同时整个鹅群停止产蛋。

2）病鹅腹泻，排白色或绿色粪便。

3）病鹅心肌坏死，有严重的肺出血、气囊炎。

4）头颈部、腿部皮下胶样浸润。

5）产蛋鹅卵泡变性、卵泡膜有出血斑，有的呈紫葡萄状。

6）确诊需要通过实验室诊断。

防控措施

（1）平时的卫生防疫措施

1）注意做好常规的卫生防疫工作。因为尽管已采取了严格的预防措施，有时病毒还是可能通过流动的空气、飞鸟的粪便等进入鹅场内。禁止从疫区引种，做好隔离检疫工作。避免鸡、鸭、鹅混养和盲目混群。鹅舍、运动场、孵化设备和用具要定期消毒。经常消毒就可以将环境内可能存在的病毒消灭或降低到最低数量，避免或减少疾病的发生。孵化设备可用福尔马林熏蒸或百毒杀喷雾消毒，产蛋房的垫料和用具定期消毒和更换。实行全进全出制，空舍期要严格清扫和消毒。可用二氯异氰脲酸钠粉，以有效氯计算，0.1~1 克 / 升水，喷洒消毒鹅舍。鹅舍注意保温，减少冷应激，防止鹅聚堆。

2）免疫接种。免疫接种可以避免养禽业的严重损失，但却不能防止家禽的带毒和排毒。目前，禽流感的疫苗主要有基因工程疫苗和灭活疫苗。

由于禽流感病毒具有高度变异性，所以一般都限制弱毒疫苗的使用，以免弱毒在使用中变异而使毒力返强，形成新的高致病力毒株。现阶段广泛使用的是禽流感油乳剂灭活疫苗，由于禽流感病毒存在易于变异的特点，应关注国家新禽流感疫苗的市场投放情况，并及时投入使用。

购买疫苗要选择正规厂家疫苗。在寒冷季节要防止油乳剂灭活疫苗结冰。冰冻再融化的油乳剂灭活疫苗，油水分层，不能使用。鹅群发病期间，不宜接种流感疫苗。接种疫苗时，需要每只鹅用 1 个灭菌的针头，不同鹅之间不宜混用。疫苗启封后，要及时用完，剩余疫苗应废弃。种鹅每年春、秋季各接种 1 次，每次接种 2~3 毫升 / 只。仔鹅 10 日龄可接种 0.5 毫升 / 只，25 日龄可接种 1 毫升 /只。疫苗免疫后避免使用免疫抑制性药物，避免使用霉变饲料，减少应激。

定期检测禽流感抗体水平，抗体水平不理想时，查找原因，及时补免。

（2）发病时的处理措施

1）一旦发现高致病性禽流感（H_5）可疑病例，应立即向当地兽医主管部门报告，同时对病鹅群（场）进行封锁和隔离；一旦确诊，立即在有关兽医主管部门指导下，划定疫点、疫区和受威胁区。疫点是指患病鹅所在的鹅场、专业户或独立的经营单位，在农村则为自然村；疫区指以疫点为中心，半径 3~5 千米范围内的区域；受威胁区指沿疫区顺延 5~30 千米范围内的区域。由县及县级以上兽医行政主管部门报请同级地方政府，并由地方政府发布封锁令，对疫点、疫区、受威胁区实施严格的防范措施。严禁疫点内的鹅及相关产品、人员、车辆及其他物品运出，因特殊原因需要进出的必须经过严格的消毒；同时扑杀疫点内的所有鹅，扑杀的鹅及相关产品，包括种蛋、鹅粪便、饲料、垫料等，必须经深埋或焚烧等方法进行无害化处理；对疫点内的鹅舍、养鹅工具、运输工具、场地及周围环境实施严格的消毒和无害化处理。禁止疫区内的鹅及其产品的贸易和流动，设立临时消毒关卡对进出运输工具等进行严格消毒，对疫区内易感鹅群进行监控，同时加强对受威胁区内鹅类的监察。

在对疫点内的鹅及相关产品进行无害化处理后，还要对疫点反复进行彻底消毒，彻底消毒 21 天后，如果受威胁区内的鹅未发现有新的病例出现，即可解除封锁令。

2）对非高致病性禽流感，如果加强饲养管理，适时使用抗病毒药物，有早期预防、减轻症状和减少损失的作用。配合应用清热解毒、止咳平喘、祛痰、解表的中药如板蓝根、大青叶、连翘、生姜、杏仁、桂枝、防风、麻黄等，则效果更好。给鹅喂中药前可停水 2 小时，然后把中药投于饮水或饲料中饲喂，可连用 4~5 天。

① 清瘟莲花散 1 千克拌料 200 千克；20% 的庆大霉素 200 克拌料 200 千克，连用 5 天。

② 银翘散 1 千克拌料 250 千克；10% 的氟苯尼考 100 克兑水 100 千克，自由饮用，连用 5 天。

③ 双黄连口服液 500 毫升兑水 150 千克饮水；30% 的头孢噻呋钠 100 克兑水 250 千克，连用 5 天。

④ 卡巴匹林钙可溶性粉，以卡巴匹林钙计，一次量，40~80 毫克 / 千克体重，内服，连用 3 天。

由于本病常并发或继发大肠杆菌病和支原体感染，因此中药和抗菌药物配合使用，能增强疗效。如配合氟本尼考、多西环素（强力霉素）、庆大霉素、头孢噻呋钠等，往往能减少死亡。若再配合使用维生素、电解质和解热镇痛药，效果更好。

图 1-1-25 鹅舍注意保温，减少冷应激，防止鹅聚堆

图 1-1-26 一旦发生禽流感，应立即隔离，禁止放牧

公共卫生

高致病性禽流感病毒 H_5N_1 亚型有感染人的报道，人感染后可出现体温升高、咽喉疼痛、肌肉酸痛和肺炎等症状。禁止乱宰乱屠病鹅，病死鹅不能食用。在接触病鹅或尸体剖检时要做好个人防护，注意穿隔离服和戴乳胶手套，并严格消毒。

二、鹅副黏病毒病

简介

鹅副黏病毒病，又称鹅新城疫，是由禽副黏病毒Ⅰ型F基因Ⅶ型病毒引起鹅的一种急性、高度接触性传染病。各品种、各年龄的鹅均可发病，发病率和死亡率有时高达90%以上。1997年江苏发现本病后，现已在许多省市暴发流行，给养鹅业造成了重大损失。

病原

本病的病原体是禽副黏病毒Ⅰ型，即新城疫病毒，属RNA病毒中的单股负链病毒目、副黏病毒科、副黏病毒亚科、腮腺炎病毒属的禽副黏病毒。它只有1个血清型，但不同毒株的毒力差异很大。禽副黏病毒Ⅰ型的囊膜上有特殊的突起结构（血凝素），可与鸡、鸭、鹅等禽类，以及人、豚鼠、小白鼠等哺乳类动物的红细胞表面受体结合，引起红细胞凝集。本病毒能在鸡胚内迅速繁殖，也能在多种细胞上培养。用各种途径将本病毒接种于9~11日龄鸡胚，多于接种后30~72小时死亡，死胚全身出血，以头和肢端最为明显。病毒存在于病禽的所有器官和组织，其中以脑、脾脏、肺含毒量最高，而骨髓带毒时间可达134天以上。在鹅舍中能存活7周。

病毒不耐热，在60℃条件下30分钟即被杀死。对pH较稳定，pH为3~10时不被破坏，对低温有很强的抵抗力，在−10℃条件下可存活1年以上。对消毒药的抵抗力较弱，常用的消毒药如2%氢氧化钠、5%漂白粉、70%酒精20分钟即可将病毒杀死。

流行特点

各日龄、各品种鹅均可感染发病，日龄越小越易感。鹅副黏病毒病发病突然，传播迅速，发病率和死亡率较高，雏鹅的死亡率有时可超过 95%。耐过鹅生长缓慢。发病鹅和带毒鹅是本病的传染源。鸡、鸭、鹦鹉、鸽、麻雀等也可传播本病。

本病的传播途径主要是呼吸道，其次是消化道，但不能经卵垂直传播。可经皮肤和黏膜的伤口传播。病鹅的排泄物和分泌物带毒。非易感的野禽、外寄生虫、人畜均可机械地传播病毒。鹅副黏病毒病一年四季均可发生，在易感鹅群中迅速传播。日龄越小，发病率和死亡率越高。

免疫鹅群发生副黏病毒病的因素很多，主要包括：饲养环境被强毒严重污染；忽视局部免疫；首免时母源抗体过高；疫苗质量不佳和保存不当；免疫程序不合理；多种免疫抑制因素的干扰等。

临床症状

本病潜伏期一般为 3~5 天，病程一般为 2~5 天。

（1）最急性型　在雏鹅的暴发初期，鹅群无明显异常而突然出现急性死亡病例。

（2）急性型　在突然死亡病例出现后几天，鹅群内病鹅数量明显增加。病鹅眼半闭或全闭，呈昏睡状，眼睛分泌物增多，头颈卷缩、翅膀下垂，食欲减退，不愿运动。病初期体温升高，饮水增加；但随着病情加重而废饮。病鹅流鼻液，有啰音，咳嗽，甩头，呼吸困难。腹泻，粪便呈黄绿色、墨绿色、黄白色、白色、暗红色，混有大量黏液和气泡。产蛋鹅产蛋率下降，蛋壳褪色或变成白色，软壳蛋、畸形蛋增多，种蛋受精率和孵化率明显下降。病鹅出现神经症状，以中后期多见，表现全身抽搐、扭颈、仰头，呈间歇性，有的腿瘫痪和翅麻痹，有的抽搐死亡。

（3）慢性型　在经过急性期后仍存活的鹅，眼睑分泌物增多，眼球下陷，食欲减退，不愿运动。腿部乏力，拍翅，跟不上群。陆续出现神经症状，后退、转圈，头颈后仰望天或扭曲在背上方等，其中一部分鹅因采食不到饲料而逐渐衰竭死亡。发病后不死的鹅，一般在 1 周以后出现好转，2 周后康复，但有时出现继发感染，病鹅病程较长。康复鹅生长发育受阻。

图 1-2-1 病鹅精神沉郁，腹泻

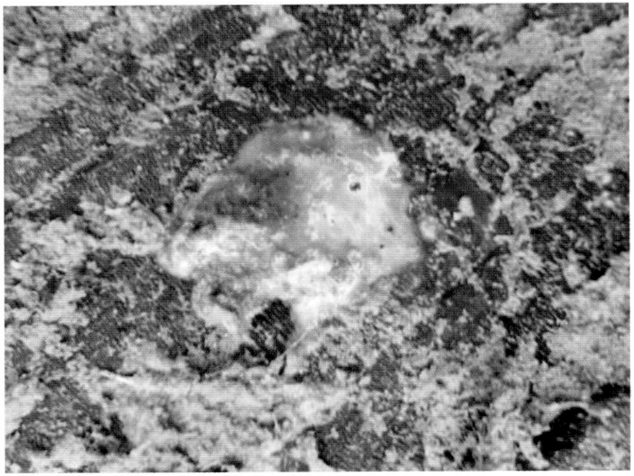

图 1-2-2 腹泻，粪便呈黄白色

图 1-2-3 腹泻，粪便呈白色

图 1-2-4 腹泻，粪便呈暗红色

图 1-2-5 病鹅产软壳蛋

图 1-2-6 病鹅眼睑分泌物增多，眼球下陷

图 1-2-7 食欲减退，不愿运动

图 1-2-8 病鹅腿部乏力，拍翅，跟不上群

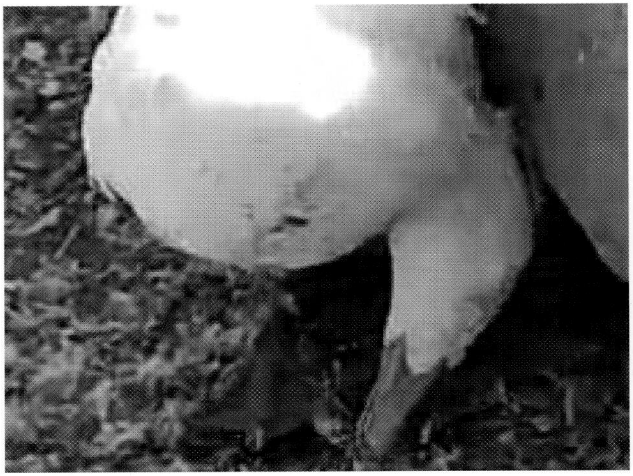

图 1-2-9 病鹅头颈扭曲

图 1-2-10 病鹅头颈扭曲，导致侧翻

图 1-2-11 病鹅头颈扭曲，倒地后挣扎跑动

病理变化

（1）常见病变　本病的主要病理变化是全身黏膜和浆膜出血，以消化道最为严重。典型病变是腺胃黏膜水肿，腺胃乳头明显出血，腺胃与肌胃交界处、腺胃与食道交界处出血，肌胃角质层下有溃疡。雏鹅小肠、盲肠、直肠黏膜弥漫性出血，日龄较大的鹅肠道黏膜出血、坏死，有大小不一的溃疡灶，病灶表面有黄色和灰绿色纤维素性假膜覆盖，假膜脱落后即成溃疡。喉、气管黏膜充血、出血，肺有时可见瘀血、水肿、出血。心冠脂肪出血，心内膜出血。脾脏肿大、出血，有大小不一的坏死灶。脑膜充血、出血、水肿。肝脏瘀血、肿大，日龄较大的鹅有时可见肝脏有白色小坏死点。胆囊扩张，充满胆汁。胸腺、法氏囊肿胀、出血。胰腺充血、出血，有数量较多的灰白色坏死灶，有时融合成片。腹腔脂肪出血。产蛋鹅卵泡和输卵管显著充血，卵泡变形，卵泡膜极易破裂以致卵黄流入腹腔引起卵黄性腹膜炎，输卵管黏膜出血。

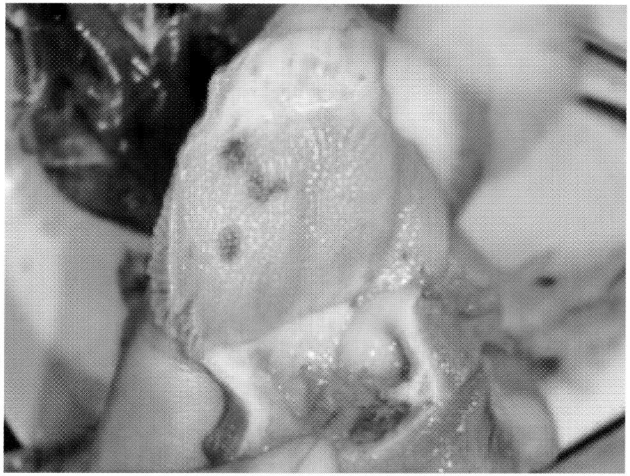

图 1-2-12　腺胃黏膜水肿、出血

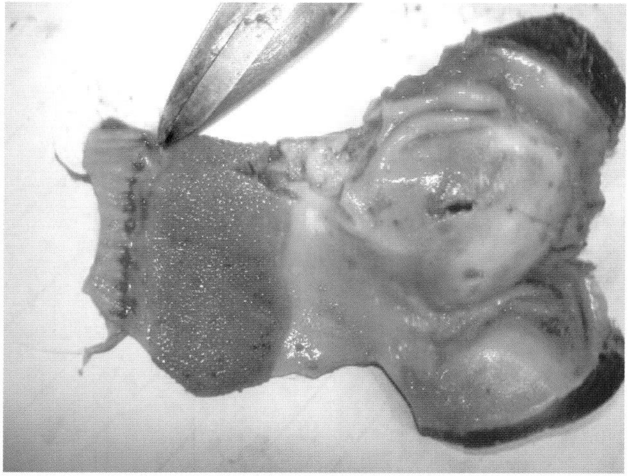

图 1-2-13　腺胃与食道交界处出血

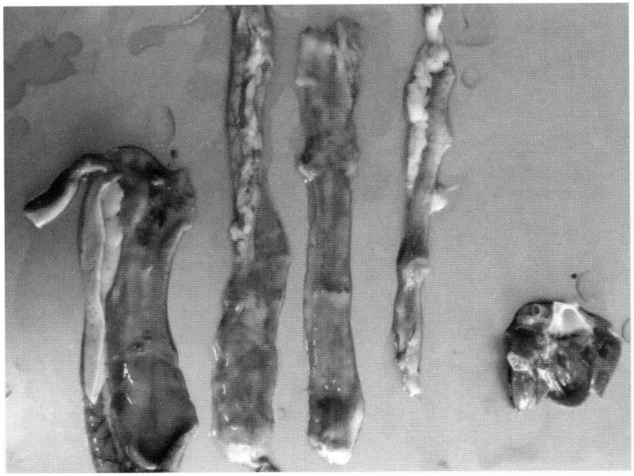

图 1-2-14 肠道黏膜出血、坏死

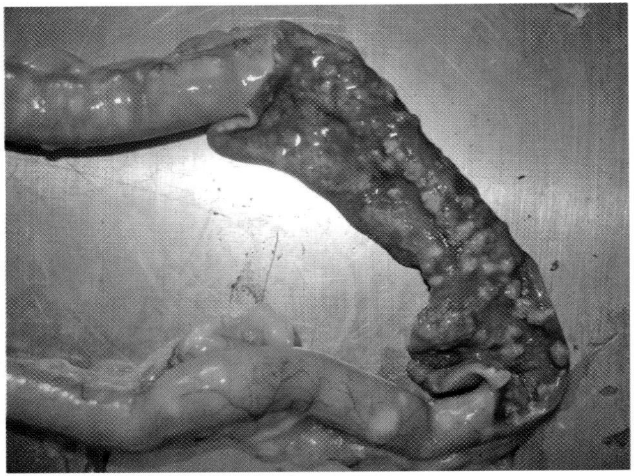

图 1-2-15 肠道黏膜有大小不一的溃疡灶

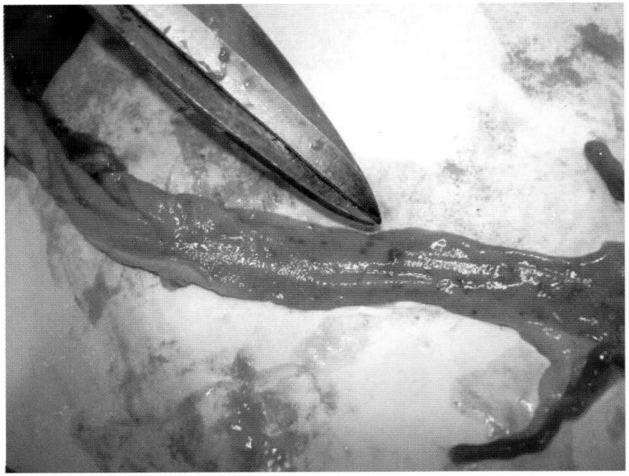

图 1-2-16 回肠段黏膜有多个出血点

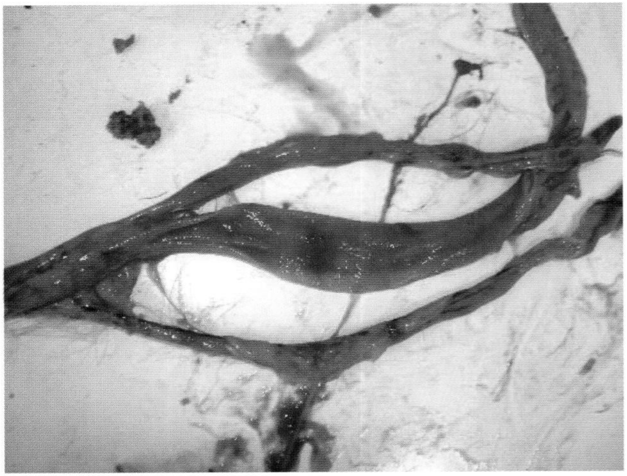

图 1-2-17 回肠段淋巴滤泡出血

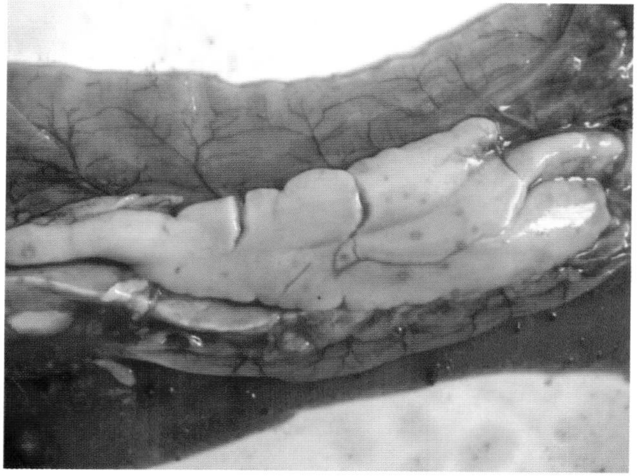

图 1-2-18　十二指肠黏膜出血，胰腺有出血斑点

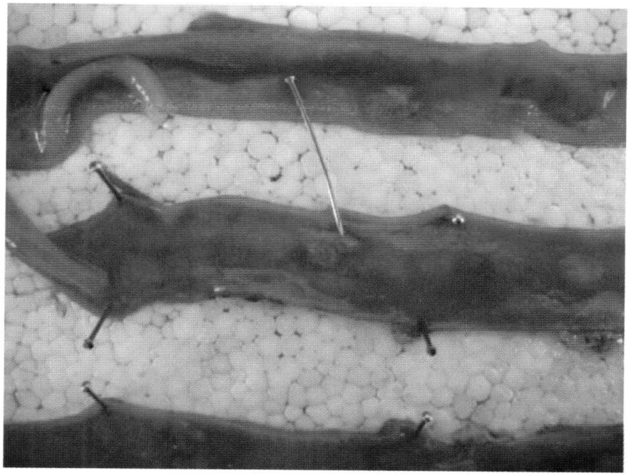

图 1-2-19　肠道黏膜脱落，肠壁变薄，有假膜覆盖的溃疡灶

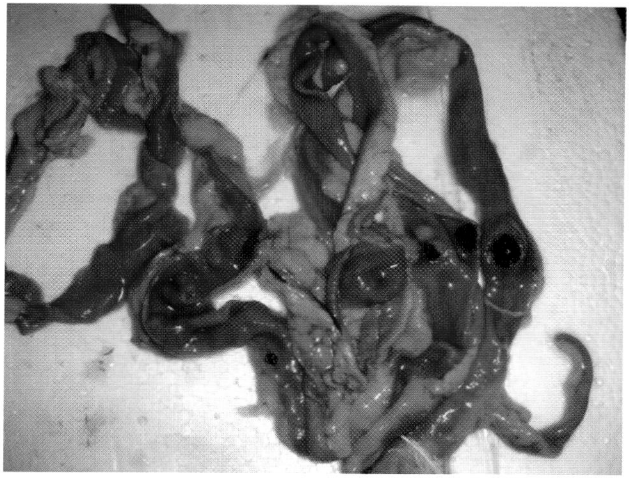

图 1-2-20　肠道黏膜出血，有黑色坏死区

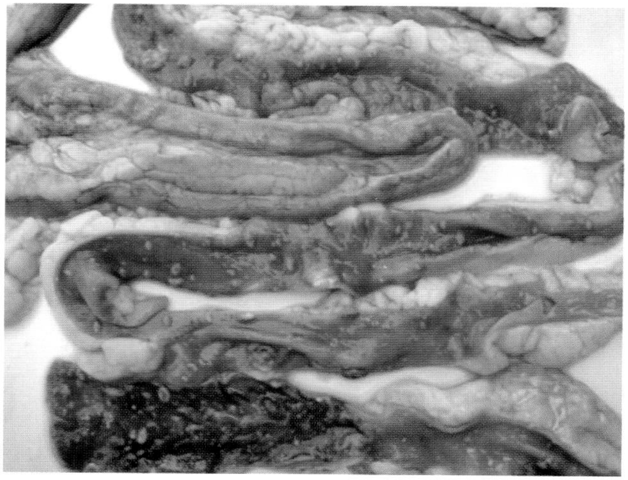

图 1-2-21　肠道黏膜有多处假膜覆盖的溃疡灶

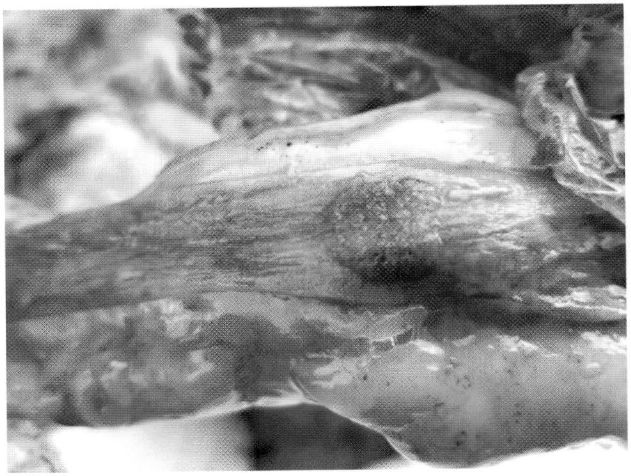

图 1-2-22 肠道淋巴组织肿胀、出血

图 1-2-23 直肠黏膜出血

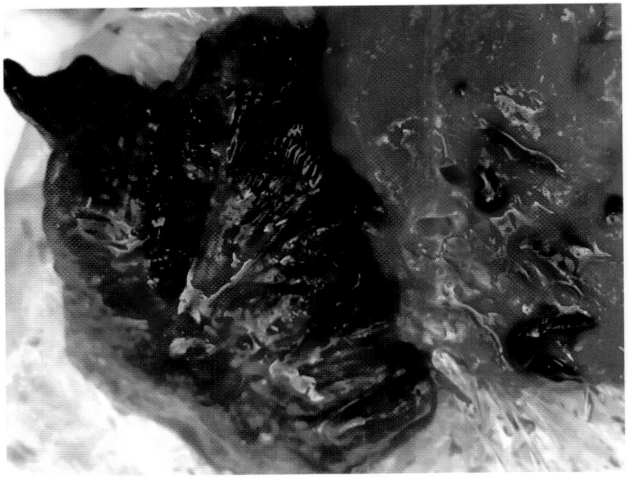

图 1-2-24 肺出血，局部坏死

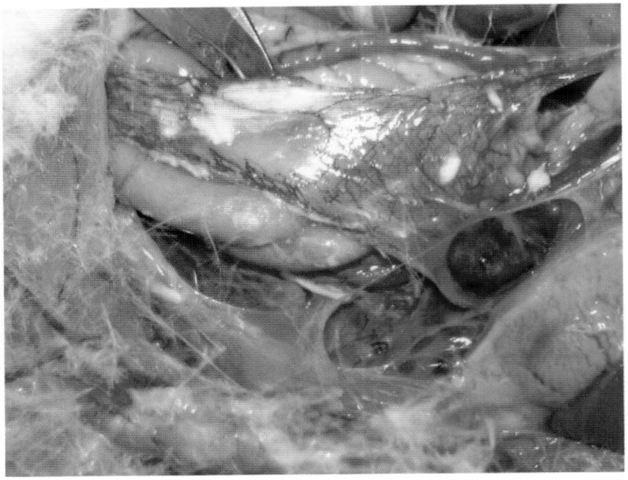

图 1-2-25 气囊混浊、增厚，脾脏出血

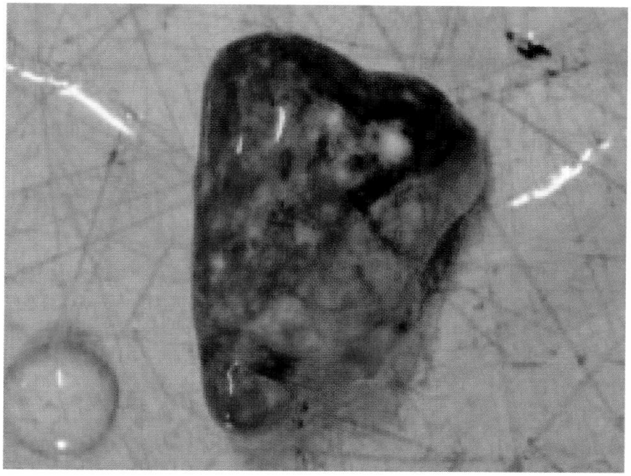

图 1-2-26 脾脏出血、有坏死灶

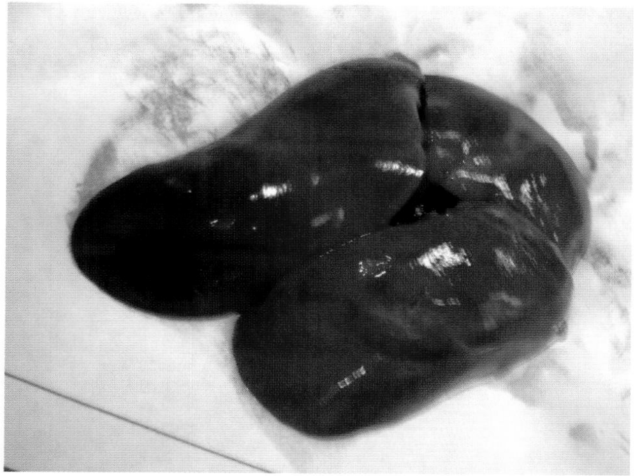

图 1-2-27 肝脏瘀血、肿大

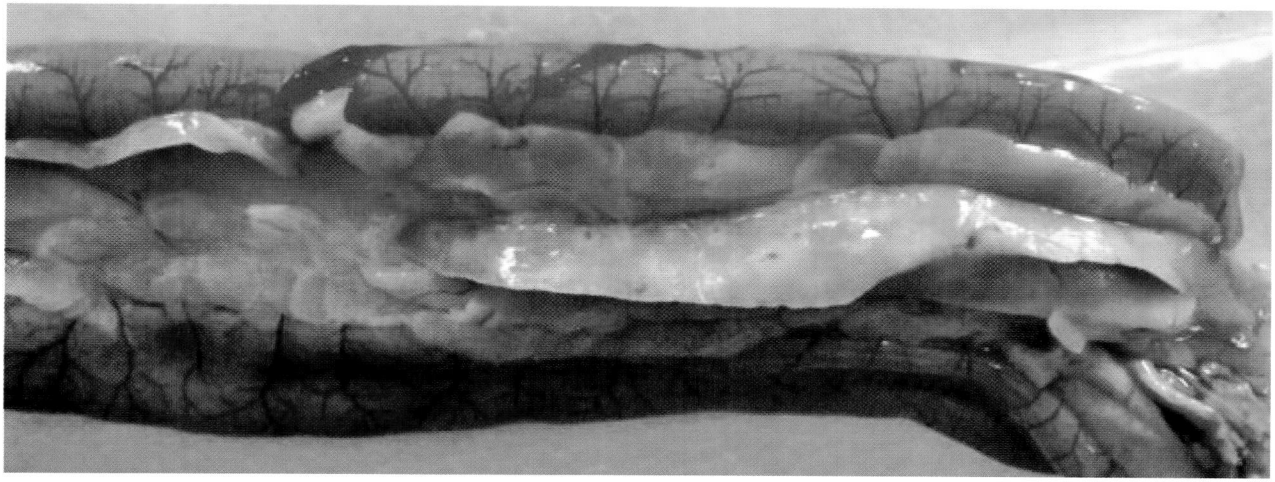

图 1-2-28 胰腺充血、出血，有数量较多的灰白色坏死灶

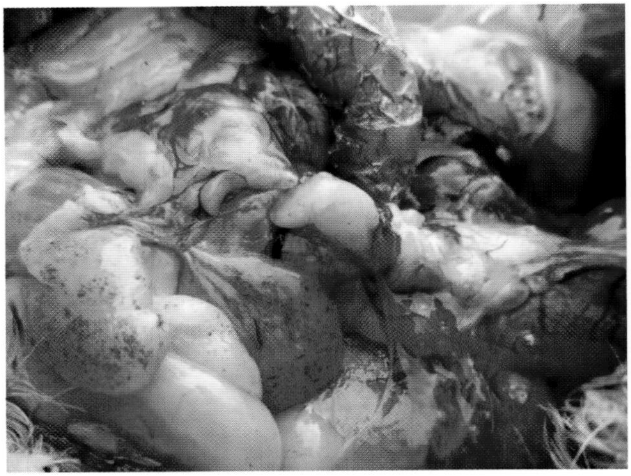

图 1-2-29 腹部脂肪密集出血

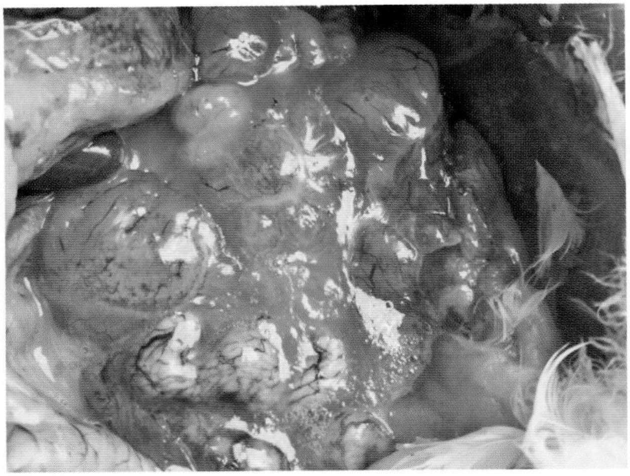

图 1-2-30 卵泡变形，卵泡膜极易破裂

（2）组织学病变 大部分脏器均有血管充血、出血的病变，消化道黏膜血管充血、出血，喉气管、支气管黏膜纤毛脱落，血管充血、出血，有大量淋巴细胞浸润；大脑等中枢神经系统可见典型的非化脓性脑炎，神经元变性，血管周围有淋巴细胞和胶质细胞浸润形成的血管套。

诊断要点

1）病鹅严重腹泻，排黄白色、白色、黄绿色稀粪，有时粪便带血，呈暗红色。15 日龄以内雏鹅发病率和死亡率达 100%。

2）病鹅眼、鼻分泌物增多，呼吸困难。有时出现扭颈、转圈、仰头等症状。

3）肠道黏膜有散在性或弥漫性大小不一、浅黄色或灰白色的纤维素性结痂。剥离后可看到出血性溃疡。

4）脾脏肿大，有灰白色大小不一坏死灶。肝脏肿大，有出血点或小坏死灶。抗生素治疗无效。

5）确诊需要通过实验室诊断。

防控措施

鹅副黏病毒病是危害严重的鹅病，必须严格按国家有关法令和规定，对疫情进行严格处理，必须认真地执行预防传染病的总体卫生防疫措施，以便减少暴发的危险，尤其是在每年的冬季，养鹅场均应采取严格的防范措施。

（1）预防措施　鹅副黏病毒病的预防需要采取综合防疫措施。做好鹅场的饲养管理，严格执行消毒制度，对鹅舍、运动场、孵化设备定期用新洁尔灭、过氧乙酸等消毒液消毒，粪便及病死鹅无害化处理。注意引种安全，引入健康无病的种鹅，隔离 2 周证实无病才能与健康鹅合群饲养。鹅场进出人员要消毒。鹅群应与鸡群严格分区饲养，防止病毒的互相传播。

科学有效的免疫接种是预防本病的关键。

1）合理做好免疫接种。本病的免疫应在抗体监测的基础上采用基因Ⅶ型副黏病毒油乳剂灭活疫苗进行免疫。在生产中也可用鹅源副黏病毒制备油乳剂灭活疫苗，对易感鹅进行免疫接种。

种鹅和蛋鹅常用的免疫程序：10 日龄颈部皮下注射油乳剂灭活疫苗，0.5 毫升 / 只；60 日龄，注射油乳剂灭活疫苗，1 毫升 / 只；产蛋前两周用油乳剂灭活疫苗加强免疫，2毫升 / 只。随后根据抗体水平的监测，决定是否再进行强化免疫，当发现抗体水平参差不齐时，应立即注射油乳剂灭活疫苗进行免疫，2 毫升 / 只。

商品肉鹅：10 日龄皮下注射副黏病毒病油乳剂灭活疫苗，0.5 毫升 / 只。

2）建立免疫监测制度。定期对鹅群抽样采血，用血凝抑制试验测定免疫鹅群中 HI 抗体效价。当抗体参差不齐时，应加强鹅副黏病毒病的免疫。

（2）发病后的控制措施　按规定，怀疑为鹅副黏病毒病时，可及时报告当地兽医主管部门进行病原学监测，及时发布预警信息，按照“一病一案，一场一策”的要求，采取隔离和消毒等严格的防疫措施。

首先采取隔离等措施，禁止人员、工具向健康鹅舍流动，用2%氢氧化钠溶液进行病鹅舍路面及周围的消毒，立即对病鹅进行无害化处理，防止继续散毒。有条件的种鹅场可有计划地实施监测净化。推进种鹅标准化规模养殖。经过大消毒后，方可解除封锁。

其次，及时对受威胁地区鹅群应用副黏病毒病疫苗进行紧急接种，1月龄以内的雏鹅注射油乳剂灭活疫苗0.5~1毫升/只，对2月龄以上鹅肌内注射油乳剂灭活疫苗1.5~2毫升/只。也可用新城疫高免血清或卵黄抗体进行注射，也能短时间预防本病。鹅副黏病毒病没有特效药，鹅一旦发生感染，应尽快对其进行隔离。抗病毒中草药配合敏感抗菌药物有一定疗效。

0.4%蟾酥注射液，每只肌内注射0.3毫升，隔1天注射1次。58%的林可霉素100克，兑水500千克，连用5天。

公共卫生

副黏病毒也会感染人，多是在剖检病鹅时不注意个人防护而被感染，主要表现眼结膜炎。因此，在剖检病鹅时应做好防护。

三、鸭瘟

简介

鸭瘟是由鸭瘟病毒引起的鹅和鸭的一种急性、热性、败血性传染病。其临床特征是体温升高、两腿麻痹、下痢、流泪和部分病鹅头颈肿大。病变特征是食道黏膜早期有出血点，中后期有灰黄色假膜覆盖或溃疡；肠道淋巴滤泡环状出血，泄殖腔黏膜充血、出血、水肿和有黄绿色假膜覆盖；肝脏不明显肿大，表面有大小不等的出血点和坏死灶。本病传播迅速，发病率和死亡率都很高。华南农业大学黄引贤于 1957 年首次报道本病。本病现已遍布世界绝大多数养鸭、养鹅地区及野生水禽的主要迁徙地，是严重威胁养鹅业发展的重要传染病之一。

病原

鸭瘟病毒又称鸭疱疹病毒Ⅰ型，属疱疹病毒科、疱疹病毒甲亚科。病毒粒子呈球形，有囊膜，基因组为双股 DNA。

鸭瘟病毒能在 9~14 日龄鸭胚中生长繁殖和继代，随着传代次数增加，鸭胚在 4~6 天死亡，比较规律。致死的胚体皮肤出血、水肿，肝脏有坏死灶及出血。肝脏的病变具有诊断价值。

鸭瘟病毒存在于病鸭、病鹅各组织器官、血液，分泌物和排泄物中。肝脏、脑、食道、泄殖腔含毒量最高。毒株间的毒力有差异，但各毒株之间抗原性是一致的。

鸭瘟病毒对外界的抵抗力不强，80℃条件下 5 分钟即可死亡；夏季在阳光直接照射下，9 小时毒力消失。病毒在 4~20℃污染禽舍内可存活 5 天。但对低温抵抗力较强，−20~−10℃经 1 年对鸭、鹅仍有致病力。病毒对乙醚和氯仿敏感。常用的消毒剂对鸭瘟病毒均具有杀灭作用。5% 生石灰作用 30 分钟可灭活病毒。

流行特点

不同品种、年龄、性别的鹅对鸭瘟病毒都有很高的易感性。鹅感染鸭瘟病毒的发病日龄最小为 8 日龄；15~50 日龄的鹅易感性较强，死亡率高达 80%。成年鹅的发病率和死亡率随外界环境的不同而不同，一般为 10% 左右，但在疫区可高达 90%~100%。在自然情况下，鹅和病鸭密切接触也能感染发病，在有些地区可引起流行。

鸭瘟的传染源主要是病鸭、病鹅或潜伏期及病愈康复不久的带毒鸭、带毒鹅。病鸭、病鹅、带毒鸭和带毒鹅的分泌物和排泄物污染的饲料、饮水、用具和运输工具等，是造成鸭瘟传播的重要因素。

某些野生水禽和飞鸟可能感染或携带病毒。在购销和运输鹅群时，也会使本病从一个地区传至另一个地区。某些吸血昆虫也可能传播本病。

鸭瘟的传播途径主要是消化道，也可以通过交配、眼结膜和呼吸道而传染，吸血昆虫也可能成为本病的传播媒介。人工感染时，经滴鼻、点眼、泄殖腔接种、皮肤刺种、肌内注射和皮下注射均可使易感鹅发病。

本病一年四季都可发生，但一般以春夏之际和秋季流行最为严重。因为此时是鹅、鸭大量上市的时间，饲养量多，各地鹅群、鸭群接触频繁，如检疫不严，容易造成鸭瘟的发生和流行。鸭瘟的流行同气温、湿度、鹅群和鸭群的繁殖季节及农作物的收获季节等因素有一定关系。

临床症状

自然感染的潜伏期一般为 3~4 天。潜伏期的长短与病毒的毒力和鹅的抵抗力有关。病初病鹅体温升高到 42~43℃，甚至达 44℃，呈稽留热。体温升高并稽留至中后期是本病非常明显的特征。病鹅精神沉郁，离群呆立，头颈蜷缩，羽毛松乱，两翅下垂；食欲减退或废绝；两腿麻痹无力，行动迟缓，严重者伏卧地上不愿走动，驱赶时，则见两翅扑地行走，走不了数步又蹲伏于地上，当两腿完全麻痹时，则伏卧不起。病鹅不愿下水，如强迫其下水，则漂浮水面并挣扎回岸。

流泪和眼睑充血、出血、水肿，怕光是鹅患鸭瘟后的一个特征症状。病初流浆液性分泌物，眼周围的羽毛沾湿，以后变为黏性或脓性分泌物，往往将眼睑粘连而使其不能张开。严重者眼睑水肿或翻出于眼眶外，翻开眼睑可见眼结膜充血或小点出血，甚至形成小溃疡。有的出现眼周脱毛现象。部分病鹅的头颈部肿胀，故本病又俗称为“大头瘟”。此外，病鹅从鼻腔流出稀薄和黏稠的分泌物，呼吸困难，呼吸时发出鼻塞音，叫声嘶哑，个别病鹅频频咳嗽。鹅群产蛋减少，产畸形蛋。

病鹅发生下痢，排出绿色或灰白色稀粪，肛门周围的羽毛被粪便污染并结块。泄殖腔黏膜充血、出血、水肿，严重者黏膜外翻。用手翻开肛门时，可见到泄殖腔黏膜有黄绿色的假膜，不易剥离。病程为 2~3 天，死亡率达 90% 以上。

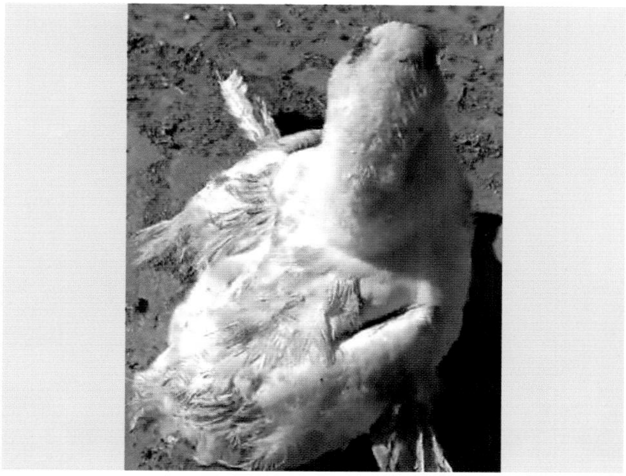

图 1-3-1 病鹅羽毛松乱，不愿运动

图 1-3-2 病鹅两腿麻痹，不能站立

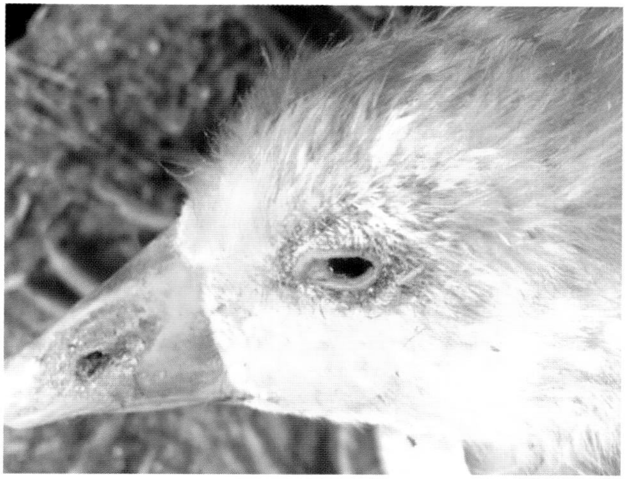

图 1-3-3 病鹅眼分泌物增多

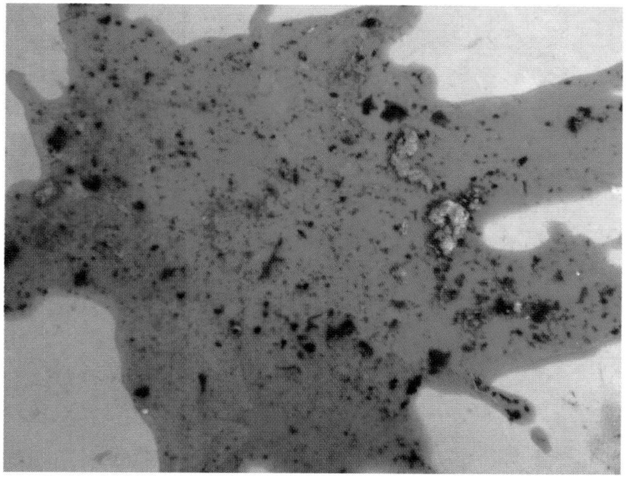

图 1-3-4 下痢，排出绿色稀粪

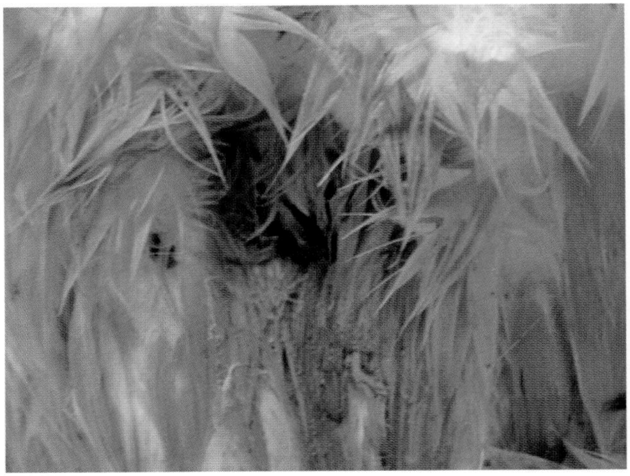

图 1-3-5 病鹅肛门周围羽毛被粪便污染

图 1-3-6 鹅群产蛋减少，产畸形蛋

病理变化

鹅患鸭瘟后的病理变化与鸭相似。主要表现为血管破损、组织出血、消化道黏膜疹性病变、淋巴器官损伤和实质器官变性。眼睑常粘连在一起，下眼睑结膜出血或有少许干酪样物覆盖。部分头颈部肿胀的病例，皮下有黄色胶冻样浸润。食道黏膜有纵行排列的灰黄色假膜覆盖或小出血斑点，假膜不易剥离，剥离后食道黏膜留有大小不等的溃疡，这种病变具有特征性。空肠和回肠黏膜上淋巴滤泡环状出血。胰腺液化，有坏死灶。泄殖腔黏膜表面覆盖一层灰褐色或黄绿色假膜，黏着很牢固，不易剥离，黏膜上有出血斑点和水肿。有些病例腺胃黏膜有出血斑点，腺胃与食道膨大部的交界处有一条灰黄色坏死带或出血带。肝脏不肿大，肝脏表面有大小不等的出血点和灰黄色或灰白色坏死点，少数坏死点中间有小出血点或其周围有环形出血带，这种病变具有诊断意义。气管出血，肺瘀血、水肿、出血。心肌外表面出血，心冠脂肪有出血点。卵泡充血、出血、易变形，有的出现卵泡破裂，形成卵黄性腹膜炎。睾丸充血、出血。

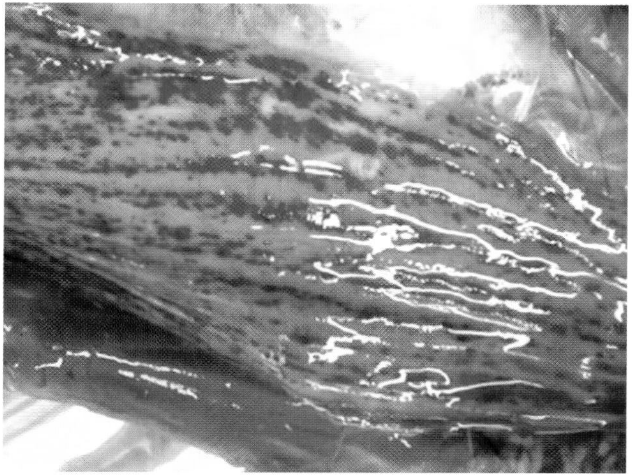

图 1-3-7 食道黏膜有出血斑点

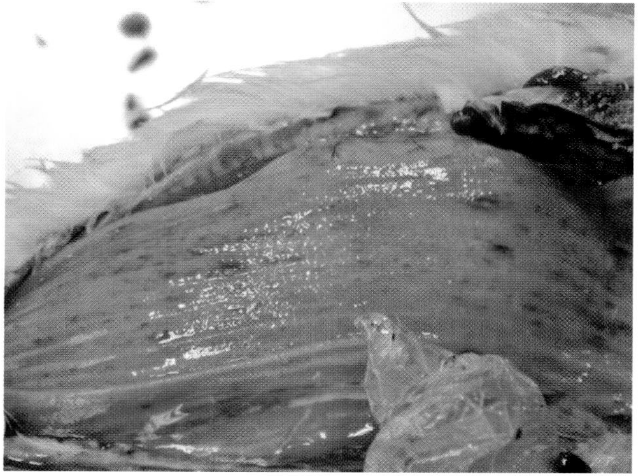

图 1-3-8 食道黏膜有出血斑点和溃疡灶

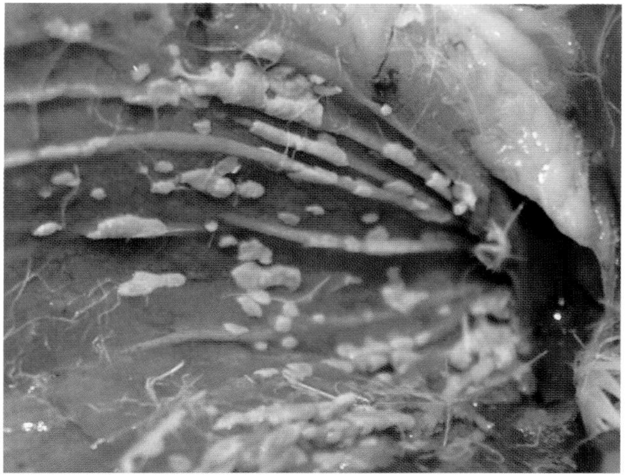

图 1-3-9 食道黏膜有灰黄色假膜覆盖

图 1-3-10 胰腺液化，有坏死灶

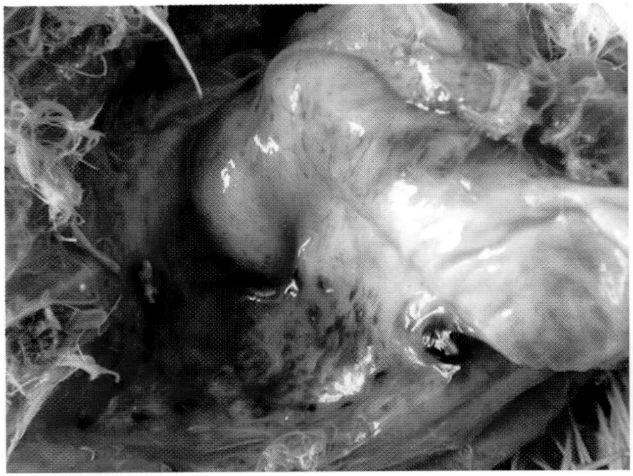

图 1-3-11 泄殖腔出血，有坏死灶

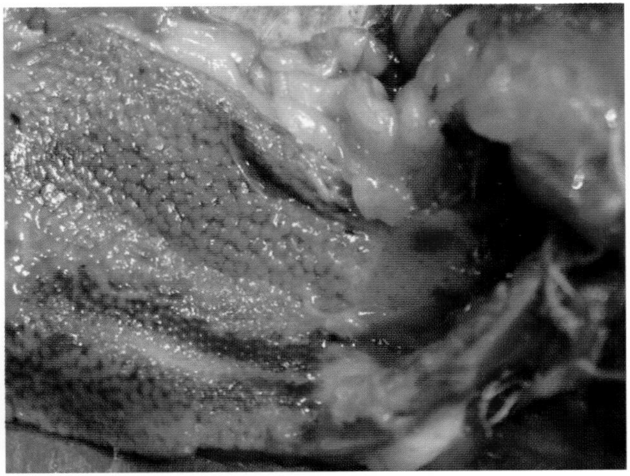

图 1-3-12 腺胃黏膜有出血斑点

图 1-3-13 肝脏出血，有坏死灶

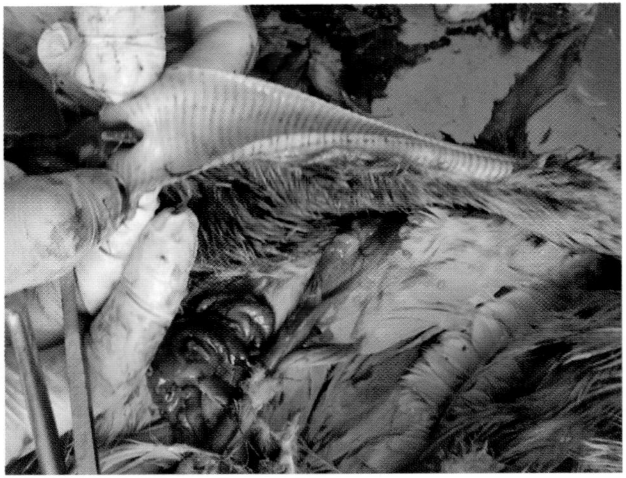

图 1-3-14 气管黏膜充血、出血

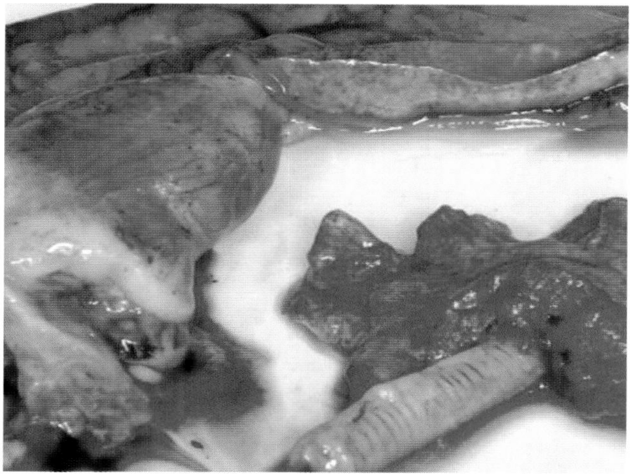

图 1-3-15 肺出血，心肌外表面出血

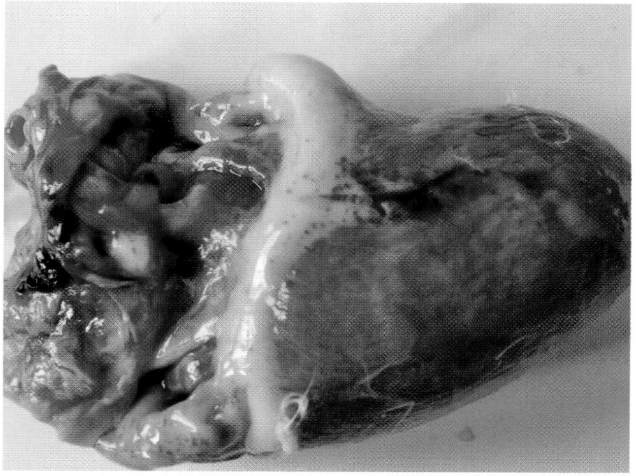

图 1-3-16 心肌外表面出血，心冠脂肪出血

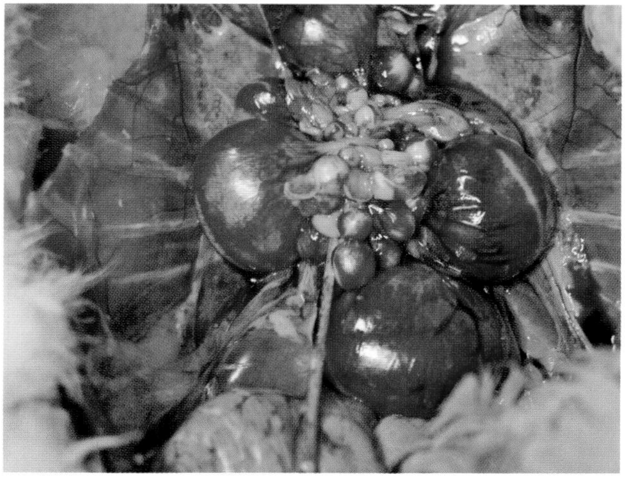

图 1-3-17 卵泡充血、出血

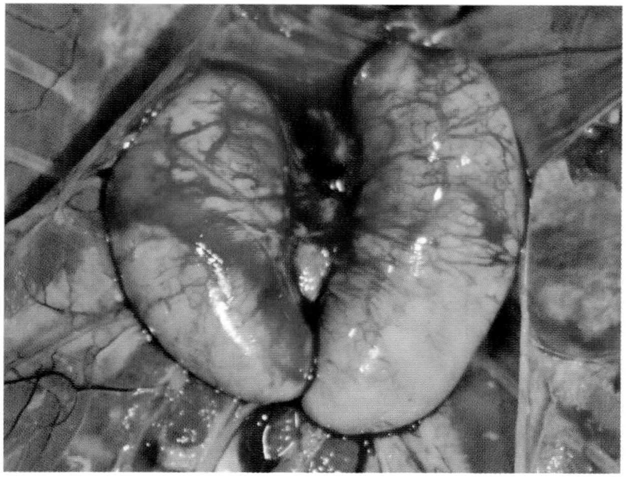

图 1-3-18 睾丸充血、出血

诊断要点

1）本病传播迅速，发病率和死亡率高，自然流行除鹅、天鹅、鸭有易感性外，其他家禽不发病。

2）病鹅体温升高，流泪，两腿麻痹和部分病鹅头颈肿胀。

3）食道和泄殖腔黏膜出血和有假膜覆盖。

4）肝脏不明显肿大，肝脏表面有大小不等的出血点和灰黄色或灰白色坏死点；空肠和回肠的肠黏膜淋巴滤泡环状出血。

5）确诊需要进行实验室诊断。

防控措施

1）应采取严格的饲养管理、消毒及疫苗免疫相结合的综合性措施来预防本病。在没有发生鸭瘟的地区或鹅场要着重做好预防工作。加强检疫工作，引进种鹅或鹅苗时必须严格检疫，鹅运回后隔离饲养，至少观察 2 周，方可合群饲养。不从疫区引进鹅。加强卫生消毒制度，可选择 10%~20% 的漂白粉混悬液、5% 的甲醛溶液、1%~3% 的氢氧化钠溶液进行消毒。尽量消除或驱赶养鹅场内所有传播媒介，如苍蝇、蚊子、麻雀等。被鸭瘟病毒污染的放牧区域或水源内应禁止放牧鹅，经彻底消毒或长时间闲置之后才可使用。

2）采用全进全出的饲养制度，尽可能做到自繁自养。对鹅舍、运动场和饲养用具等经常消毒，减少鹅舍中的鸭瘟病毒。粪便和病死鹅无害化处理。避免鸭鹅混养。

3）定期接种鸭瘟疫苗。目前使用的疫苗有鸭瘟鸭胚化弱毒苗和鸭瘟鸡胚化弱毒苗。雏鹅 20 日龄首免，剂量为 10 羽份 / 只；35 日龄二免，剂量为 15~20 羽份 / 只；产蛋前三免，20~30 羽份 / 只。

4）鹅发生鸭瘟时，立即采取隔离和消毒措施，并对可疑感染和受威胁的鹅群进行紧急疫苗接种，15 日龄以下雏鹅，剂量为 20 羽份 / 只；15~30 日龄雏鹅，剂量为 30 羽份 / 只；30 日龄以上鹅，剂量为 35~40 羽份 / 只。接种时，1 只鹅换 1 个针头。对可疑感染和受威胁的鹅群可分别组织接种人员，避免交叉感染。

病鹅可采用抗鸭瘟血清进行治疗，每只鹅每次肌内注射 1 毫升，同时在饮水中添加电解多维或口服补液盐。为防止继发细菌感染，饮水中可添加抗生素。

① 20% 的沙拉沙星 100 克兑水 500 千克，连用 5 天。

② 阿米卡星（丁胺卡那霉素）：2 万~4 万国际单位 / 千克体重，混合后肌内注射，隔天 1 次。

③ 板蓝根 60 克、金银花 60 克、地丁 60 克、穿心莲 45 克、党参 30 克、黄芪 30 克、淫羊藿 30 克、乌梅 45 克、诃子 45 克、升麻 30 克、鱼腥草 45 克、栀子 45 克、葶苈子 30 克、雄黄 15 克，用 2.5 千克水煎药 2 次，药汁供 500 只鹅饮水 1 天，连用 5 天。病重鹅口服 4~5 毫升，连续使用 5 天。

病死鹅进行无害化处理，对鹅舍、用具、鹅群彻底大消毒，可用 3%~5% 的热氢氧化钠溶液对养殖场进行消毒。也可用过氧乙酸溶液，1 :（200~400）稀释，进行喷雾消毒。如果早发现、早确诊，早采取措施，可有效控制疫情，减少损失。

四、鹅呼肠孤病毒病

简介

鹅呼肠孤病毒病又称鹅出血性坏死性肝炎，由呼肠孤病毒引起的以病鹅瘫痪、不能行动和出血性坏死性肝炎为主要特征的传染病。患病雏鹅以瘫痪为临床特征，以腱鞘炎和肠道后段黏膜肿块状炎症为病理特征。鹅呼肠孤病毒由王永坤等在 2002 年首次报道，近年来，本病已在全国多个省市鸭、鹅群发生流行，危害较大。

病原

鹅呼肠孤病毒属于呼肠孤病毒科、正呼肠孤病毒属。本病毒无囊膜，呈球形，核酸类型为 RNA。有两种病毒颗粒，一种为完整病毒颗粒，另一种为无核酸的仅有衣壳的不完整病毒颗粒。鹅呼肠孤病毒能人工感染并致死雏鹅，却不能致死大龄鹅、雏鸭、雏鸡等。本病毒对 2%~3% 氢氧化钠、70% 乙醇敏感；对 2% 来苏儿、3% 甲醛、高温、乙醚、氯仿等有抵抗力。

流行特点

各品种的鹅都有易感性，可发生于 1~10 周龄的鹅，2~4 周龄鹅常见。发病率为 10%~70%，日龄越小，发病率越高；死亡率为 2%~60%，3 周龄以内雏鹅感染后死亡率最高，而 7~10 周龄仔鹅感染后，死亡率低，为 2%~3%。青年鹅感染后多不出现显著的临床症状。种鹅感染后虽无临床症状，但会影响产蛋率和出雏率。

本病的主要传染源为发病或带毒的鹅，传播途径主要是经呼吸道或消化道感染，也可垂直传播。本病四季均发。当养鹅场卫生条件差、养殖密度过大、天气骤变及应激因素等，都可促进本病的流行。患病鹅生长受阻，饲料报酬降低。有时继发其他细菌性或病毒性疫病。

临床症状

雏鹅一旦发病，多呈急性感染，表现羽毛蓬乱无光，精神委顿，目光呆滞或闭眼，食欲减退甚至废绝，消瘦，体弱，有行走障碍（无力、迟缓或跛行），腹泻呈水样。病鹅大多瘫痪，一侧或两侧跗关节或跖关节肿大。

患病仔鹅多表现为亚急性或慢性，一般多表现为精神沉郁，食欲减退，不愿站立，跛行，腹泻，消瘦，跗关节和跖关节肿胀。

图 1-4-1 精神委顿，目光呆滞

图 1-4-2 跗关节肿胀

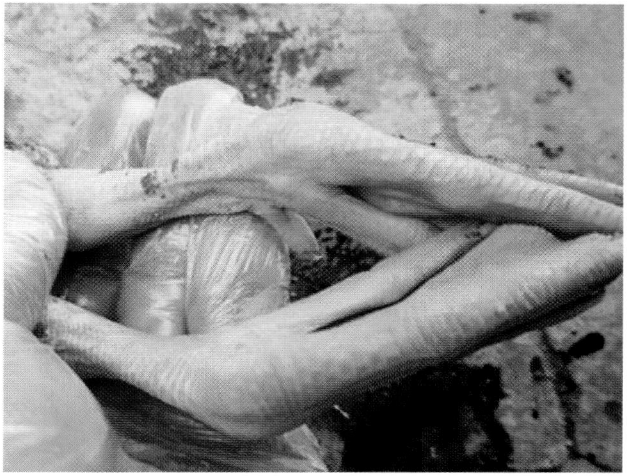
图 1-4-3 跖关节肿胀

图 1-4-4 病鹅腹泻

病理变化

病雏鹅的肝脏肿大，有大小不一、数量不等的坏死灶和出血斑，出血斑为鲜红色或紫红色、散在或呈弥漫性，坏死灶为浅黄色或灰白色、散在或呈弥漫性。胆囊肿大，充满胆汁。脾脏充血，有时严重肿大且质地较硬，表面有大小不一的灰白色坏死灶。胰腺肿大、充血、出血，有灰白色坏死点。肾脏肿大、出血，有弥漫性、针头大小、灰白色的坏死点。心内膜出血。肠黏膜和肌胃肌层有鲜红的出血斑。跗关节及趾关节肿胀，皮下出血，关节腔内有浅黄色较清亮液体，病程长的病例，关节腔内则有脓性、黏性或纤维素性渗出物，有的病例腓肠肌腱区有出血。小肠后段黏膜有时可见散在黄豆大至小蚕豆大凸出于黏膜表面的灰色肿胀块。脑膜充血或有散在针头大出血点，脑神经细胞变性坏死。法氏囊萎缩。

病仔鹅肝脏和脾脏病变与病雏鹅相似，但较轻，表面有浆液性纤维素性炎症。心外膜和心包也常见有纤维素性炎症。肿胀的关节腔内有纤维素性渗出物，病程长的，关节内渗出物可被机化。

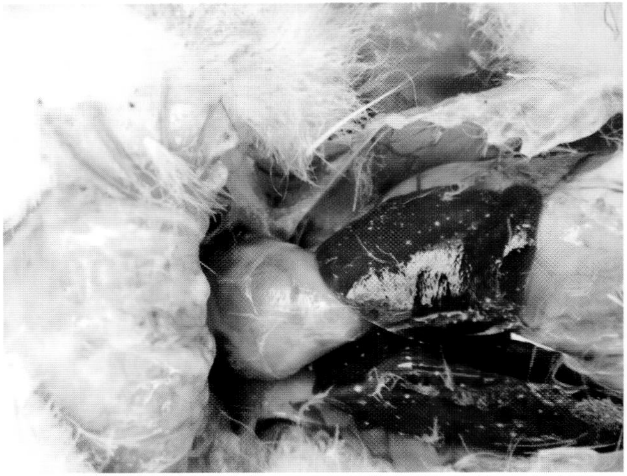

图 1-4-5 肝脏肿大，有大小不一的灰白色坏死灶

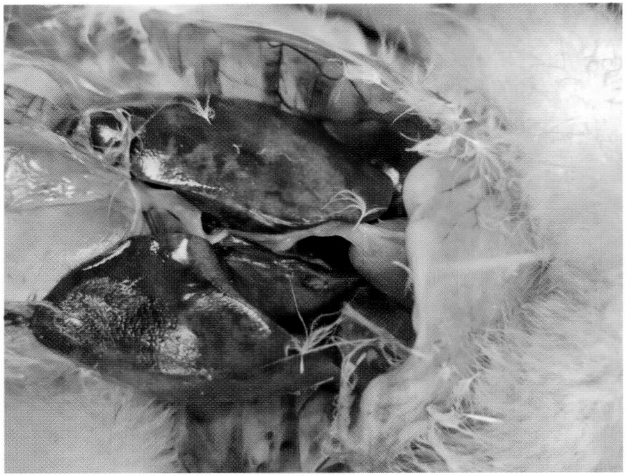

图 1-4-6 肝脏有紫红色出血斑

图 1-4-7 肝脏、脾脏均有灰白色坏死灶，气囊炎

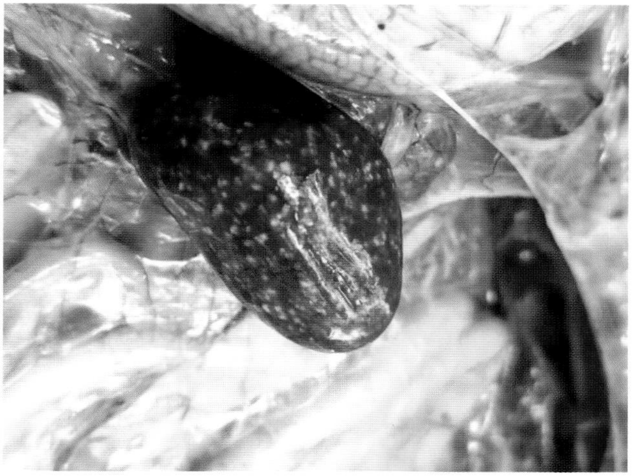

图 1-4-8 脾脏肿大，有大小不一的灰白色坏死灶

图 1-4-9 肾脏肿大、出血，有针头大小、灰白色的坏死点

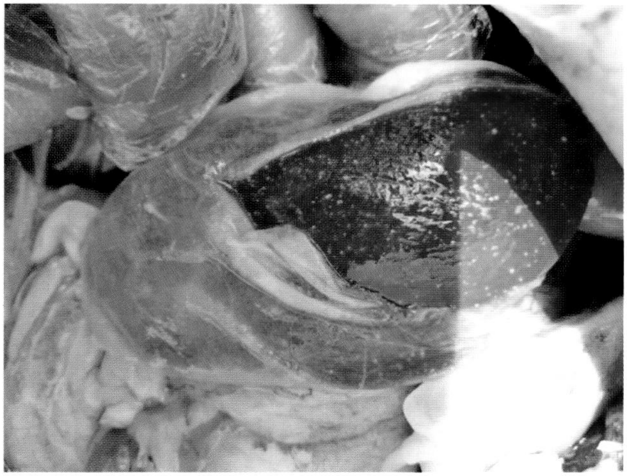

图 1-4-10 肝脏有灰白色坏死灶和纤维素性膜

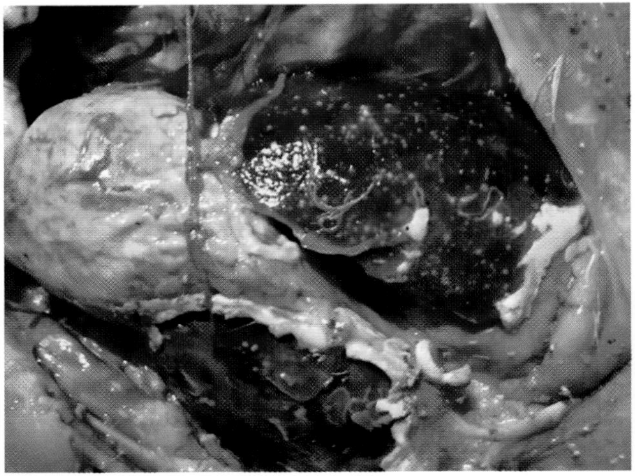
图 1-4-11 肝脏有灰白色坏死灶和纤维素性膜，心包炎

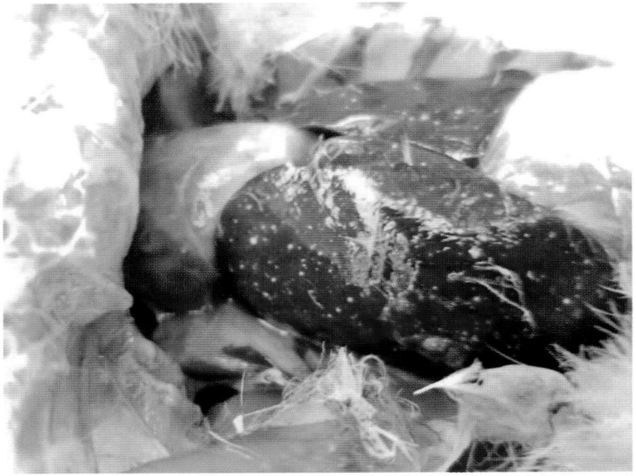
图 1-4-12 心包积液，肝脏有灰白色坏死灶

诊断要点

1）10 周龄以内鹅运动失调、跛行、瘫痪，跗关节及跖关节肿胀，体重下降。不发生于青年鹅和成年鹅。

2）病雏鹅肝脏肿大，有时可见大小不一、数量不等的坏死灶和出血斑。

3）病鹅腹泻，粪便呈水样。

4）确诊需要进行实验室诊断。

防控措施

1）实行全进全出制，制定并践行生物安全措施，严格做好消毒工作，减少病原微生物的污染。

2）种鹅可在开产前 2 周进行油乳剂灭活疫苗的免疫，免疫后 15 天即已产生较高抗体，提高了母源抗体，可消除垂直传播，减少早期感染。若种鹅没有免疫，其后代可在 7 日龄接种灭活疫苗。种鹅免疫的雏鹅，在 10 日龄左右用油乳剂灭活疫苗进行免疫。紧急防疫时，可应用高免疫血清进行紧急注射，同时也可注射油乳剂灭活疫苗。

3）对发病的鹅采用高免血清疗法或采用卵黄抗体治疗，为防止继发感染，需同时配合使用头孢菌素、阿莫西林等抗生素。

① 林可霉素：30 毫克 / 千克体重，每天 3 次，拌料，拌匀后投喂，连用 3~5 天。

② 甲磺酸达氟沙星粉：以达氟沙星计，2.5~5 毫克 / 千克体重，内服，每天 1 次，连用 3 天。

③ 氟苯尼考 100 克和多西环素 200 克拌料 1 吨，混饲，连用 5 天。

图 1-4-13 避免在污染水域放牧

图 1-4-14 运动场应定期消毒

五、鹅坦布苏病毒感染

简介

坦布苏病毒感染是由坦布苏病毒引起的鹅、鸭、鸡、鸽等多种禽类感染的一种急性传染病。本病于 2010 年 4 月首先在我国江浙一带发生，随后迅速蔓延至我国大多数养鹅、养鸭的地区。主要特点是雏鹅瘫痪，死淘率增加，产蛋鹅产蛋率严重下降，卵泡充血、出血，给养鹅业造成较大的经济损失。

病原

坦布苏病毒属于黄病毒科、黄病毒属的恩塔亚病毒群，属于蚊媒病毒类成员。该病毒对禽胚和细胞具有广泛的适应性，可以在鸭胚、鹅胚和鸡胚中增殖，也能在原代或传代细胞上增殖，如鸭胚成纤维细胞（DEF）、Vero 细胞、BHK21 细胞、DF-1 细胞、C6/36 细胞、293T 细胞等。

鹅坦布苏病毒基因组为单股正链 RNA，囊膜蛋白（E 蛋白）是黄病毒主要的结构蛋白，囊膜蛋白在病毒吸附、与宿主细胞膜融合及病毒组装过程中具有重要作用。同时，囊膜蛋白也是黄病毒主要的病毒抗原，含有多种抗原表位，可通过诱发中和抗体产生保护性免疫应答。

该病毒抵抗力不强，不能耐受氯仿、丙酮等有机溶剂；对酸敏感，pH 越低，病毒滴度下降越明显；病毒不耐热，56℃经过 30 分钟即可灭活。病毒不能凝集鸡、鸭、鸽、鹅、小鼠等动物的红细胞。

流行特点

坦布苏病毒可感染多个品种的鹅、鸭，10~25 日龄的肉鹅和产蛋鹅的易感性更强。除鸭外，鸡、鸽等禽类也有感染该病毒的报道。

蚊子是坦布苏病毒传播的媒介生物。病鹅通过分泌物和排泄物排出病毒，污染环境、饲料、饮水、器具、运输工具等，易感鹅群可以通过呼吸道和消化道感染病毒。该病毒存在垂直传播的可能性，也可以通过直接接触传播和空气传播。带毒鸭、鹅在不同地区调运能引起本病大范围快速蔓延，饲养管理不良、天气突变等也能促进本病的发生。

本病一年四季均能发生，尤其是秋、冬季节发病严重。

临床症状

（1）雏鹅　人工感染雏鹅，无论是采用滴鼻、点眼还是注射途径均会发病。肌内注射或皮下注射攻毒后，雏鹅第 2 天发病，主要表现为食欲不振，腹泻、排出黄绿色稀粪，毛乱，发育迟缓。后期主要表现为神经症状，如瘫痪、站立不稳、头部震颤、走路呈八字脚、容易翻滚、两腿呈游泳状挣扎等。病情严重者采食困难，痉挛、倒地不起，两腿向后踢蹬，最后衰竭而死，死亡率达 50%~100%。

（2）育成鹅　症状轻微，出现一过性的精神沉郁、采食量下降，很快耐过。

（3）产蛋鹅　在自然条件下，本病的潜伏期一般为 3~5 天，呈现典型的高发病率与低死亡率的特点。发病初期，大群鹅精神尚好，采食量开始下降，粪便稀薄变绿；接着采食量突然大幅下降，体重迅速减轻，体温升高，排黄绿色或绿色稀粪，部分病鹅出现瘫痪，步态不稳，共济失调，产蛋率随之大幅下降。病鹅产软壳蛋、沙壳蛋、畸形蛋等，发病率高达 100%，死淘率为 5%~10%。大多数发病鹅可以耐过，一般于发病 1 周左右开始好转，2~3 周采食量恢复正常，但产蛋率难以恢复到高峰。种蛋受精率下降。

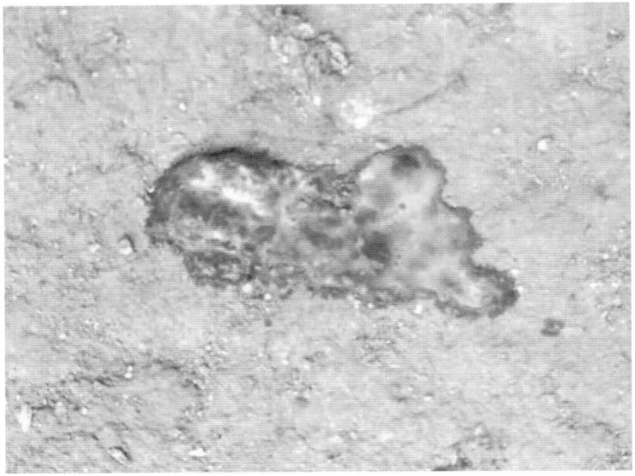

图 1-5-1 病鹅腹泻、排出黄绿色稀粪

图 1-5-2 瘫痪、站立不稳，毛乱，发育迟缓

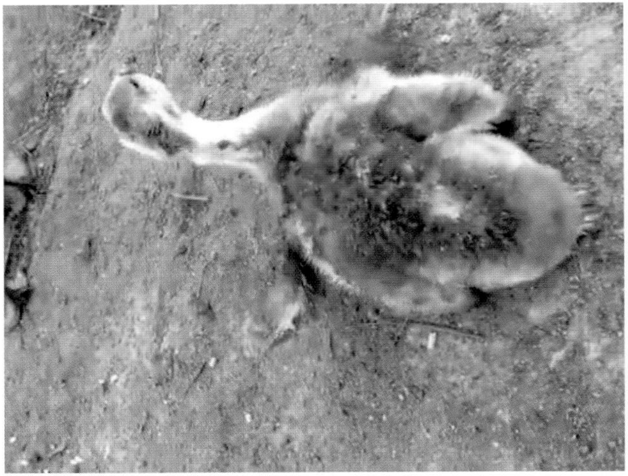

图 1-5-3 病鹅运动困难，瘫痪、倒地不起

图 1-5-4 病鹅腹部朝上，两腿滑动

病理变化

（1）雏鹅 主要表现为脑膜充血、水肿、软化，有大小不一的出血点。心内膜有散在的点状出血，心肌水肿、软化。心冠脂肪出血。腺胃黏膜出血。肺水肿、出血、瘀血。肝脏肿大、出血。肾脏出血、瘀血。法氏囊萎缩。

（2）育成鹅 各组织器官病变轻微或不明显。

（3）产蛋鹅 主要表现为卵泡萎缩、变形，卵泡膜出血，卵泡破裂，形成卵黄性腹膜炎。输卵管萎缩。腺胃黏膜出血。胰腺水肿、出血。心冠脂肪出血。脾脏肿大、出血。肠道出现卡他性炎症，淋巴滤泡肿胀、出血等。

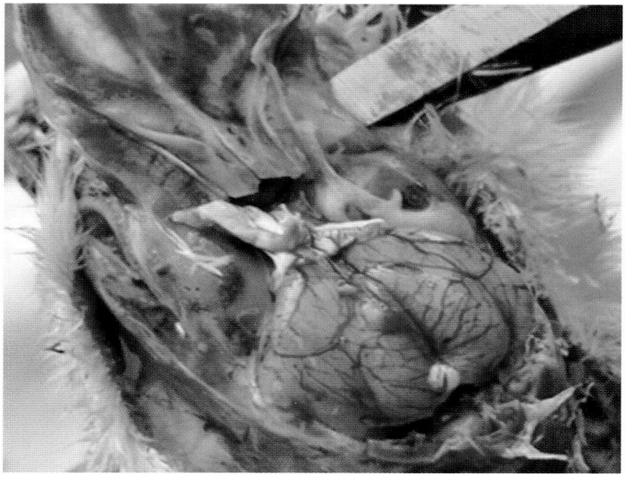

图 1-5-5 脑膜充血、出血、水肿

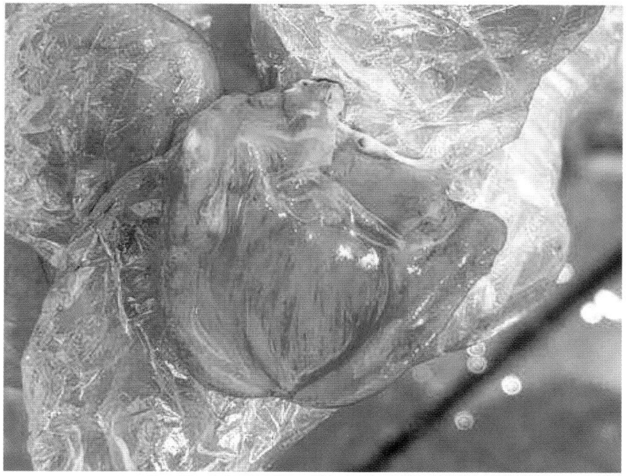

图 1-5-6 心内膜有点状出血

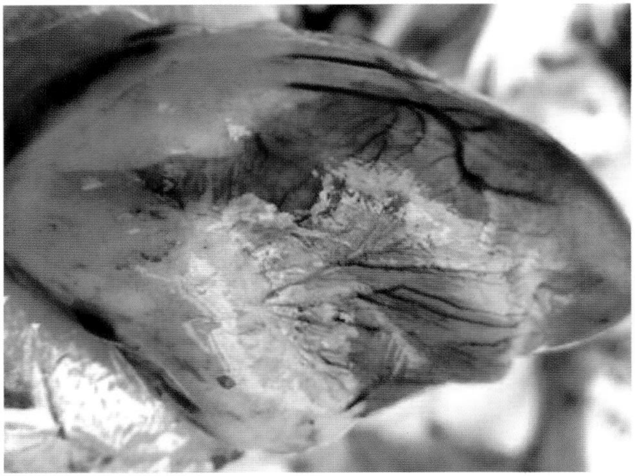

图 1-5-7 心冠脂肪出血

图 1-5-8 腺胃黏膜出血

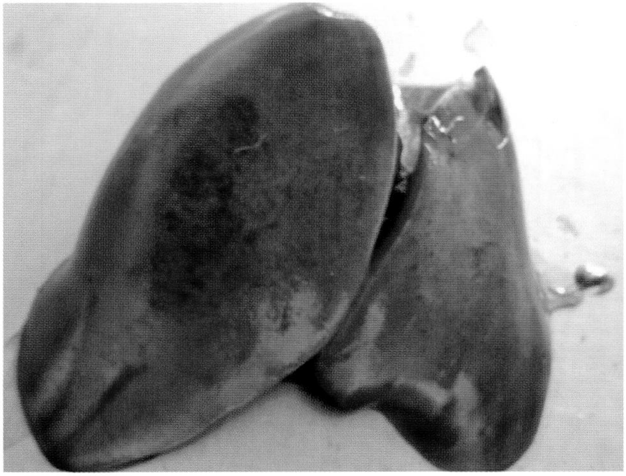

图 1-5-9 肝脏肿大、出血

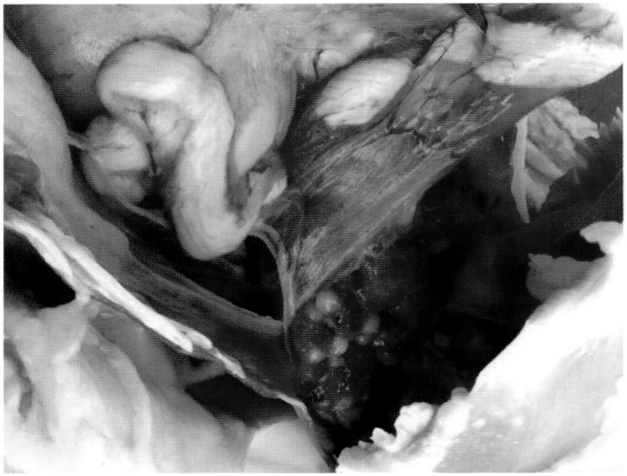

图 1-5-10 卵泡萎缩、变形

图 1-5-11 卵泡膜出血

图 1-5-12 肠道淋巴滤泡肿胀、出血

诊断要点

1）病雏鹅表现腹泻，有瘫痪、站立不稳、头部震颤等神经症状。

2）病理变化包括心内膜出血，腺胃黏膜出血，脑膜充血、出血等。

3）产蛋鹅主要表现为卵泡萎缩、变形，卵泡膜出血，卵泡破裂，形成卵黄性腹膜炎，胰腺水肿、出血。

4）确诊需要进行实验室诊断。

防控措施

1）建立良好的生物安全体系是预防本病的根本措施。加强饲养管理，改善养殖环境，减少应激因素，定期消毒，提高鸭群、鹅群的抵抗力。

2）疫苗预防。目前临床上常用的商品化疫苗有坦布苏病毒弱毒疫苗和坦布苏病毒灭活疫苗，两种疫苗对鹅群均具有良好的保护作用。种鹅可采用灭活疫苗免疫，有的鹅场对后备种鹅免疫2次，开产前3~4周或在3~4月龄时再加强免疫1次，可采用颈部皮下注射，免疫后3周检测坦布苏病毒抗体，鹅群抗体阳性率可达到100%，有效控制本病的发生。商品鹅和种鹅也可采用弱毒疫苗进行免疫，也能达到预防本病的效果。

3）本病目前尚无有效的特异性治疗措施，鹅群发病后可采用对症治疗。在饲料或饮水中添加电解多维、葡萄糖、抗病毒中药等，可以减轻病情。为防止继发感染，可添加适量抗生素如阿莫西林、头孢类药物等。

① 恩诺沙星：100克拌料1吨，混饲，连用5天。

② 清瘟解毒口服液：500毫升可兑水200千克，连用7天。

③ 复方阿莫西林粉（50克含阿莫西林5克+克拉维酸1.25克）：0.5克/千克水，混饮，连用3天，预防继发感染。

图1-5-13 选择优质饲料，做好垫料消毒

图1-5-14 加强饲养管理，搞好环境卫生

六、鹅腺病毒感染

简介

鹅腺病毒感染是由 A 型腺病毒引起的，主要侵害 3~30 日龄雏鹅的一种急性病毒性传染病，又称为雏鹅腺病毒性肠炎或雏鹅新型病毒性肠炎，本病发病急、死亡率高，主要以小肠的出血性、纤维素性、坏死性肠炎为特征，是雏鹅的重要疫病之一。

病原

禽腺病毒已经确定鹅有 3 个血清型，鸡有 12 个血清型，火鸡有 2 个血清型。腺病毒对宿主有高度种特异性，只有少数毒株能使自然宿主以外的动物致病。鹅腺病毒能在鸭胚成纤维细胞上增殖，并产生细胞病变。

腺病毒对外界环境抵抗力较强，对酸和热抵抗力强，能耐受 pH 为 3~9 和 56℃高温，因此腺病毒通过胃肠道后仍然能保持其活性。腺病毒对乙醚、氯仿、2% 苯酚、50% 乙醇及胰蛋白酶等有抵抗力，但 1：1000 浓度的甲醛可将其灭活。

流行特点

本病主要发生于 3~30 日龄的雏鹅，发病率为 10%~50%，致死率高达 90% 以上，死亡高峰为 10~18 日龄，病程为 2~3 天，有的长达 5 天以上。30 日龄以后基本不死亡。

本病主要以水平和垂直方式传播，病鹅的粪便及口鼻分泌物中病毒滴度较高，污染饲料、饮水、空气和周围的环境，易感鹅群通过呼吸道或消化道感染该病毒。

临床症状

根据病程的长短，可将本病分为最急性型、急性型和慢性型。

（1）最急性型 多发生于3~7日龄的雏鹅，一旦发病即极度衰弱，昏睡而死，有的临死前出现倒地、两脚乱划，迅速死亡。

（2）急性型 多发生于8~15日龄的雏鹅，表现为精神沉郁，食欲减退。随着病情的发展，病鹅出现行动迟缓、两脚无力；腹泻，排出浅黄绿色、灰白色的稀粪，常混有气泡或未消化饲料；呼吸困难，鼻孔流出浆液性分泌物；病鹅喙端发绀，死前两腿麻痹不能站立，极度衰竭或抽搐而死。

（3）慢性型 多发生于15日龄以后的雏鹅，主要表现为精神沉郁，行动缓慢，间歇性腹泻，最后因消瘦、营养不良衰竭而死。

图1-6-1 精神沉郁，食欲减退，衰竭死亡

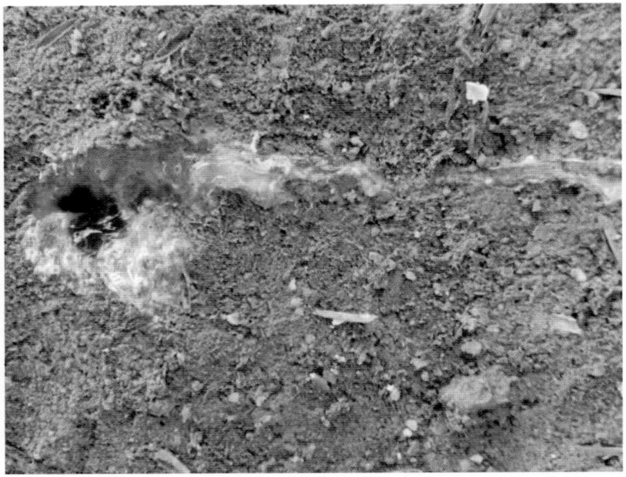

图1-6-2 病鹅腹泻，排出浅黄绿色稀粪

病理变化

本病特征性的病变为小肠出现卡他性、出血性、纤维素性或坏死性肠炎，小肠中出现纤维素性、坏死性栓子。各小肠段明显充血和出血，黏膜肿胀，黏液增多。小肠后段出现包裹有浅黄色假膜的凝固性栓子，栓子长度可达10~30厘米及以上，小肠膨大，肠壁变薄。没出现栓子的肠段出血严重，黏膜面成片红色。胸肌和腿肌出血呈暗红色。肝脏瘀血，有时可见小出血点或出血斑。胆囊扩张，胆汁充盈呈深墨绿色。肾脏肿大、充血或轻微出血。

有些腺病毒感染导致鹅胸腺肿大、出血，心包大量积液。肝脏肿大、微黄、质脆。

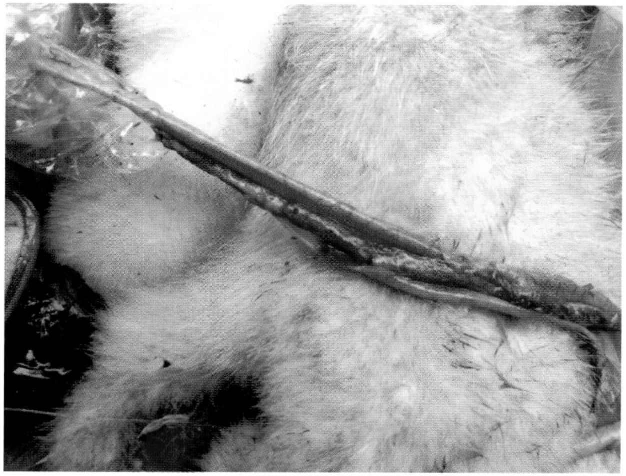

图1-6-3 小肠肠腔内有长10厘米以上的栓子

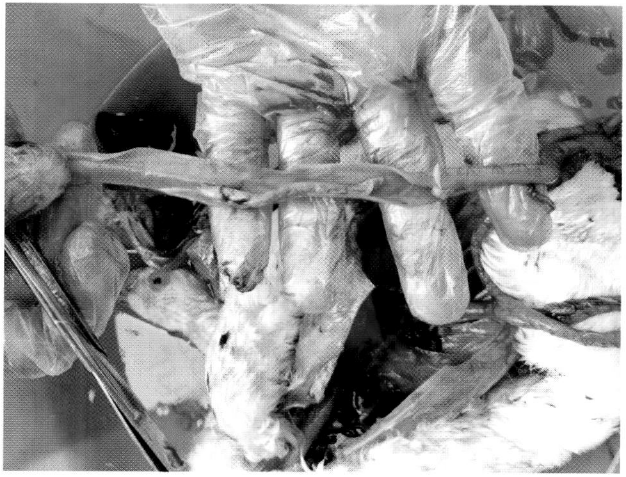

图1-6-4 小肠后段肠腔有浅黄色凝固性栓子

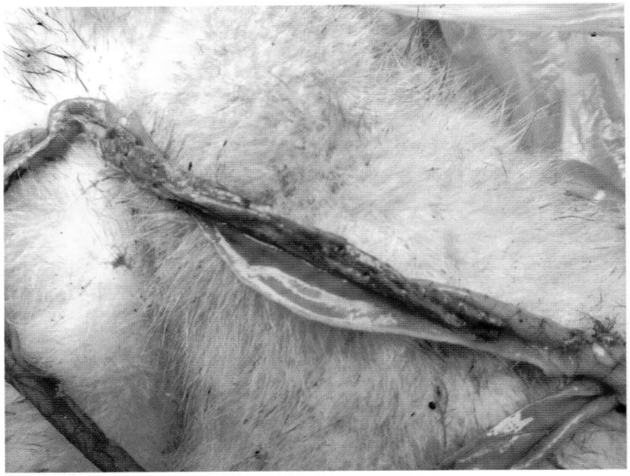

图 1-6-5 小肠肠壁出血，有纤维素性栓子

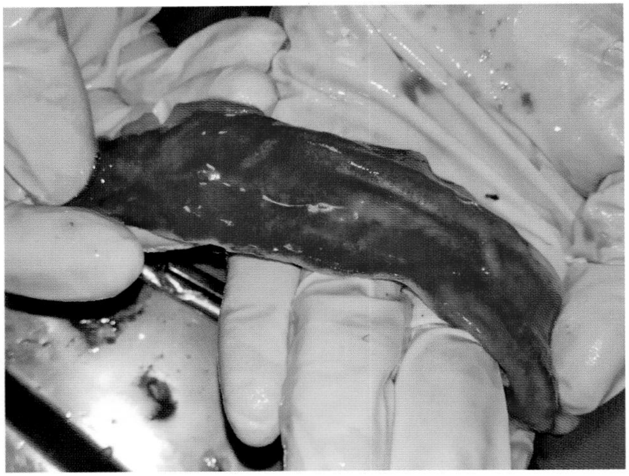

图 1-6-6 小肠出血严重，黏膜面成片红色

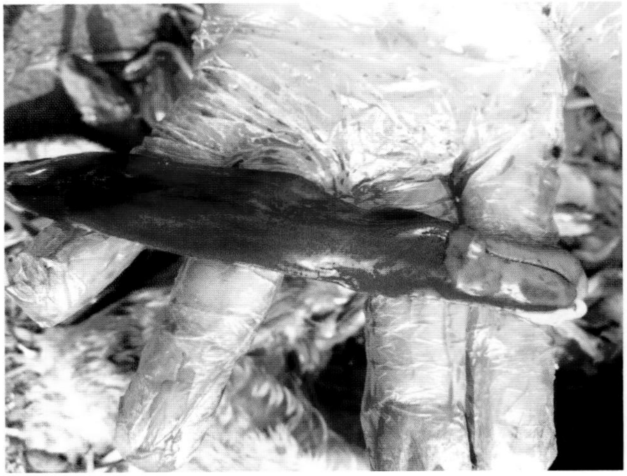

图 1-6-7 小肠黏膜出血严重

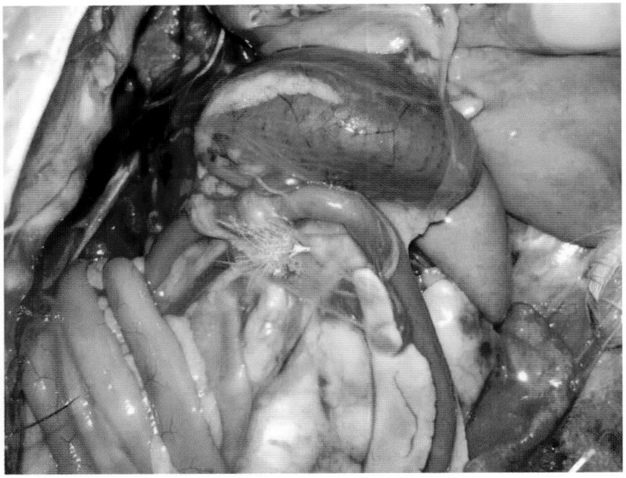

图 1-6-8 胆囊扩张，胆汁充盈

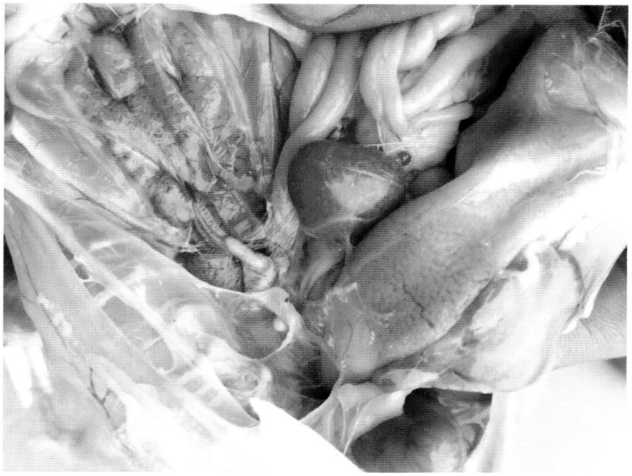

图 1-6-9 肾脏肿大、充血或轻微出血

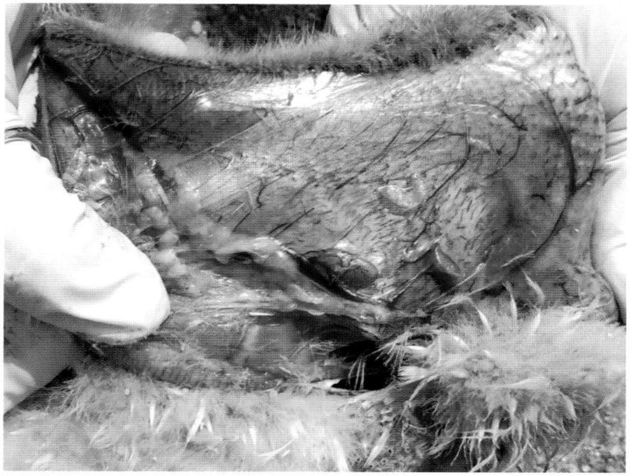

图 1-6-10 胸腺肿大、出血

图 1-6-11 心包积有黄色液体，肝脏颜色变浅

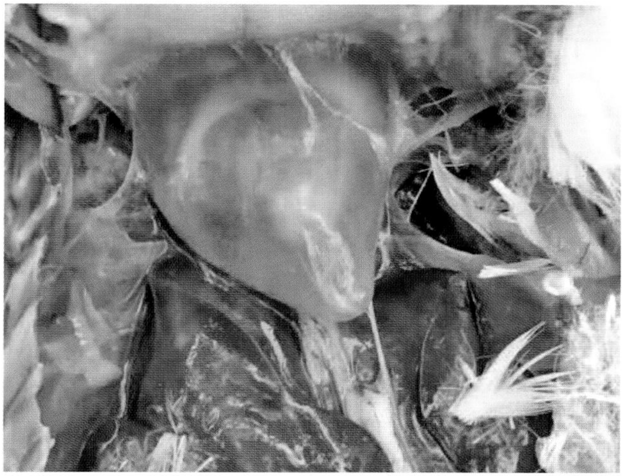

图 1-6-12 心包充盈、积液

诊断要点

1）本病主要是30日龄以内的雏鹅发病，特征性症状为腹泻，排出浅黄绿色、灰白色的稀粪，常混有气泡或未消化饲料。

2）病鹅呼吸困难，鼻孔流出浆液性分泌物；喙端发绀，死前两腿麻痹不能站立，极度衰竭或抽搐而死。

3）特征性的病变为小肠出现卡他性、出血性、纤维素性或坏死性肠炎，小肠中出现纤维素性、坏死性栓子。

4）利用小鹅瘟抗体治疗，效果不佳。

防控措施

1）加强饲养管理和卫生消毒工作，实行全进全出的畜牧管理制度。

2）不从疫区引进种蛋、种鹅和雏鹅。

3）疫苗免疫。1日龄雏鹅口服弱毒疫苗免疫，免疫期达30天以上，1次免疫可使雏鹅不再感染该病毒。若种鹅开产前1个月，使用雏鹅腺病毒–小鹅瘟二联弱毒疫苗进行2次免疫，开产后5~6个月内所产种蛋孵出的雏鹅会获得母源抗体的保护。

4）治疗。高免血清可用于本病的预防与治疗。1日龄雏鹅，每只皮下注射鹅腺病毒高免血清0.5毫升，能有效预防本病发生；发病雏鹅，每只皮下注射高免血清1~1.5毫升，治愈率达60%~100%。血清治疗时，可配合添加适量抗生素，防止继发感染。

①多西环素150克和新霉素150克，拌料1吨，混饲，连用5天。

②单硫酸卡钠霉素可溶性粉：以卡那霉素计，混饮，60~120毫克/千克水，连用3~5天。

同时辅以电解质、维生素C、维生素K_3等，可获得良好效果。

七、鹅圆环病毒感染

简介

鹅圆环病毒感染是近年来新发现的一种鹅的病毒性传染病，鹅群感染后主要以导致机体出现免疫抑制为主，经常以亚临床感染的形式出现，容易被人们忽视。

病原

鹅圆环病毒属于圆环病毒科、圆环病毒属成员。鹅圆环病毒是由德国学者 Soike 等于 1999 年发现的圆环病毒属新成员，它是一种无囊膜、二十面体对称、单链环状 DNA 病毒。鹅圆环病毒与鸭圆环病毒存在 68% 同源性，与鸽圆环病毒仅 47% 同源性。迄今为止，鹅圆环病毒的体外培养尚未成功，因此对该病毒的研究也受到了一定限制。

流行特点

鹅是鹅圆环病毒的天然宿主，不同年龄、品种、性别的鹅均可感染该病毒。研究发现，5 周龄以下的鹅，鹅圆环病毒的阳性率较低，推测可能是由于母源抗体保护的结果。随着母源抗体水平的下降，鹅圆环病毒的阳性率上升。

鹅圆环病毒可以通过水平方式传播。饲养方式对该病毒的传播也有一定影响。与散养鹅相比，圈养鹅鹅圆环病毒的阳性率更高。

图 1-7-1 病鹅生长缓慢，和正常鹅差异显著

临床症状

病鹅多数出现精神沉郁，腹泻，体重下降。有的病鹅发育不良，生长缓慢。有的病鹅羽毛生长障碍，出现羽毛脱落、羽毛囊坏死。有时病鹅出现肠炎，排白绿色稀粪。产蛋鹅的产蛋率出现明显下降。鹅群感染鹅圆环病毒后，能引起免疫抑制，机体容易继发感染其他致病因子，从而在临床上呈现出更为复杂的症状。

图 1-7-2 病鹅背部羽毛生长障碍

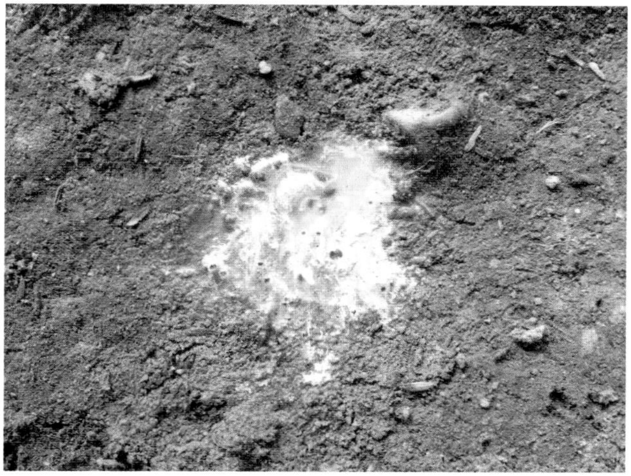

图 1-7-3 病鹅腹泻，排白绿色稀粪

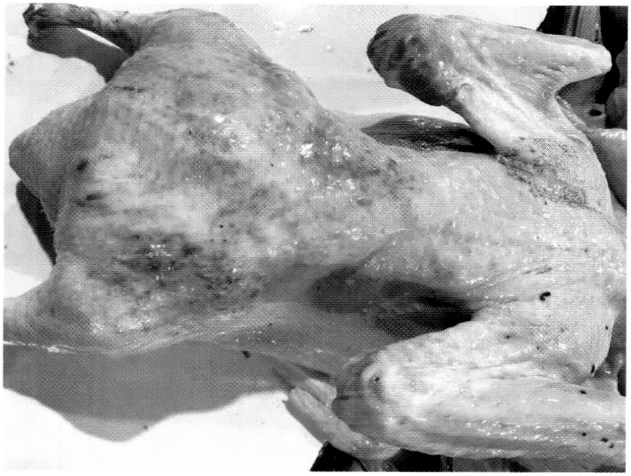

图 1-7-4 病鹅羽毛囊坏死，继发细菌感染

病理变化

主要表现为胸腺肿大、出血。肺出现轻度到中度充血、出血、水肿，病变程度随着感染时间加长而加重。有的病鹅表现为心内、外膜出血。法氏囊病变明显，有些病例中整个法氏囊的结构都被破坏。由于机体的免疫功能受到抑制，临床上常可见到一些病例因混合感染其他病原而造成轻度的气囊混浊或心包炎、肝周炎。

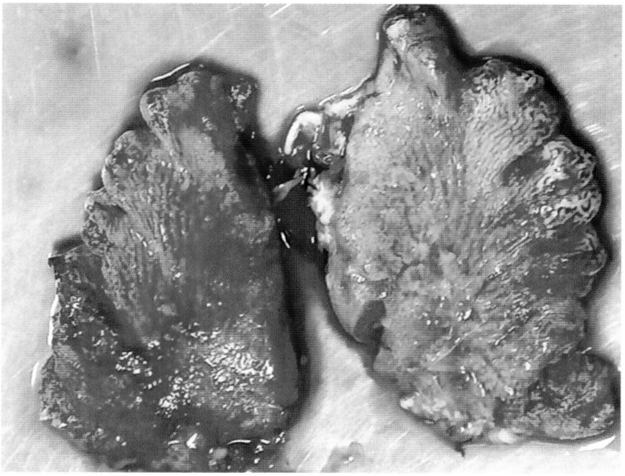

图 1-7-5 肺充血、出血

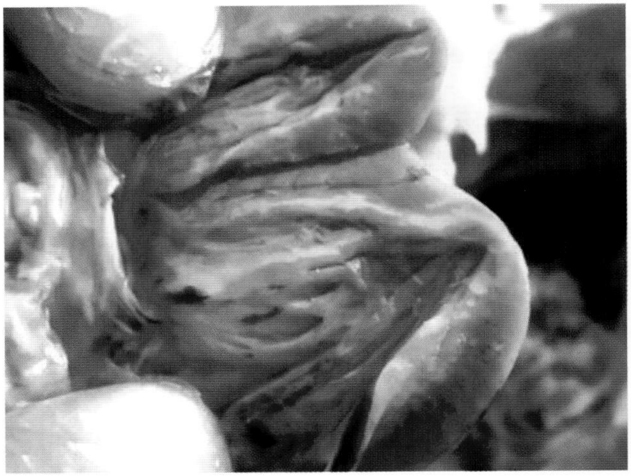

图 1-7-6 心内膜出血

图 1-7-7 心外膜出血

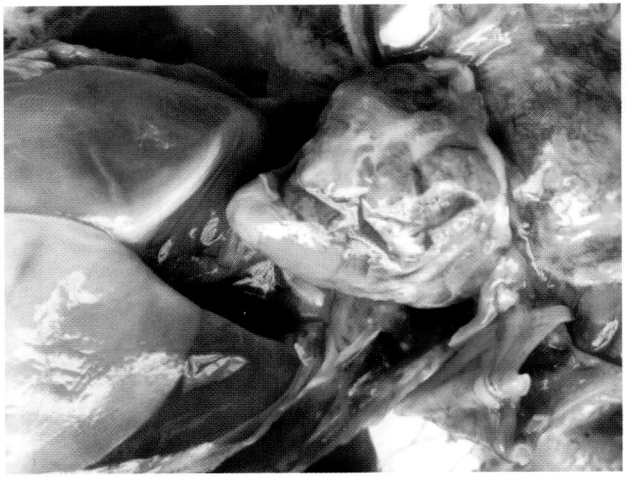

图 1-7-8 心包炎、肝周炎（继发感染大肠杆菌）

诊断要点

1）病鹅发育不良，生长缓慢。

2）病鹅羽毛生长障碍，出现羽毛脱落、羽毛囊坏死。

3）免疫抑制，易继发大肠杆菌病等常见病。

防控措施

1）目前，鹅圆环病毒的疫苗尚未研制成功。因此采取严格的生物安全措施，改善鹅群的饲养管理条件，加强卫生消毒措施，提高鹅群的抵抗力，防止病毒的侵入和扩散，是预防鹅群感染鹅圆环病毒的重要措施。

2）目前本病尚无特效的治疗药物。对于发生本病的鹅群只能采取对症治疗，并用抗菌药控制继发感染。

① 庆大霉素与左氧氟沙星联合用药：左氧氟沙星 50 克和庆大霉素 1 亿国际单位，拌料 1 吨，混饲，连用 5 天。可减少继发性细菌感染。

② 盐酸环丙沙星、维生素 C 可溶性粉（100 克含环丙沙星 5 克 + 维生素 C 5 克），在每千克水中添加 60 毫克（以环丙沙星计算），连用 5 天。

八、小鹅瘟

简介

小鹅瘟又称鹅细小病毒感染、雏鹅病毒性肠炎，是由小鹅瘟病毒引起的主要侵害雏鹅和雏番鸭的一种急性或亚急性败血性传染病。临床特征为精神委顿、食欲废绝和严重下痢。主要病变为渗出性肠炎，小肠黏膜表层大片脱落，与凝固的纤维素性渗出物一起形成栓子，堵塞肠腔。本病主要侵害4~20日龄雏鹅，传播快、发病率高、死亡率高。

病原

小鹅瘟病毒属于细小病毒科、细小病毒属，无囊膜，二十面体对称，病毒基因组为单股线状DNA。与哺乳动物细小病毒不同，本病毒无血凝活性，与其他细小病毒也无抗原关系。国内外分离到的毒株抗原性基本相同，均为同一个血清型。

患病雏鹅的肝脏、脾脏、脑、血液、肠道都含有小鹅瘟病毒。本病毒对环境的抵抗力强，65℃加热30分钟、56℃加热3小时其毒力无明显变化；能抵抗乙醚、氯仿、胰酶和pH为3.0的环境等。蛋壳上的病原体能将孵化箱污染，造成出壳雏鹅感染，并在出壳后3~5天大批发病、死亡。

流行特点

自然病例仅发生于鹅和番鸭的幼雏。不同品种的雏鹅易感性相似。主要发生于20日龄以内的雏鹅，1周龄以内的雏鹅死亡率可达100%，10日龄以上者死亡率一般不超过60%，雏鹅的易感性随着日龄的增长而减弱。20日龄以上的鹅发病率低，1月龄以上的鹅则极少发病。

带毒的种鹅和发病的雏鹅是传染源。带毒鹅群所产的种蛋可能带有病毒，带毒的种蛋在孵化时，无论是孵化中的死胚，还是外表正常的带毒雏鹅，都能散播病毒。发病的雏鹅通过粪便大量排毒，污染了饲料、饮水，经消化道感染同舍内的其他易感雏鹅，从而引起本病在雏鹅群内的流行。

临床症状

小鹅瘟的潜伏期与感染时雏鹅的日龄有关，出壳即感染者潜伏期为2~3天，1周龄以上感染的潜伏期为 4~7 天。根据病程可分为最急性型、急性型和亚急性型。病程的长短视雏鹅日龄大小而定。

（1）最急性型 多见于 1 周龄以内的雏鹅或雏番鸭，突然发病，死亡急，传播快，发病率可达 100%，死亡率高达 95% 以上。常见雏鹅精神沉郁后数小时内即表现极度衰弱，倒地后两腿乱划，迅速死亡，死亡的雏鹅喙及爪尖发绀。

（2）急性型 多见于 1~2 周龄的雏鹅，表现为精神委顿，食欲减退或废绝，但渴欲增加，有时虽能随群采食，但将啄得之草随即甩去；不愿走动，严重腹泻，排灰白色或青绿色稀粪，粪便中带有纤维素碎片或未消化的饲料；呼吸困难，鼻流浆液性分泌物，喙端色泽变暗；临死前出现两腿麻痹或抽搐，头多触地。病程为 1~2 天。

图 1-8-1 雏鹅精神委顿

图 1-8-2 病鹅腹泻

（3）亚急性型 多见于 2 周龄以上的雏鹅，常见于流行后期或低母源抗体的雏鹅。以精神委顿、腹泻和消瘦为主要症状。少数幸存者在一段时间内生长不良。病程一般为 5~7 天或更长。

成年鹅感染小鹅瘟病毒后往往不表现明显的临床症状，但可带毒、排毒，成为最重要的传染源。

病理变化

最急性型病例除肠道有急性卡他性炎症外，其他器官的病变一般不明显。急性型病例表现全身性败血变化，全身脱水，皮下组织显著充血；心脏有明显急性心力衰竭变化，心脏变圆，心房扩张，心壁松弛，心肌晦暗无光泽，颜色苍白；肝脏肿大。本病的特征性变化是小肠中、下段极度膨大，质地坚实，状如香肠，剖开肠管，可见肠腔中充塞着浅灰色或浅黄色纤维素性栓子。亚急性型病例主要表现为肠道内形成纤维素性栓子。有的雏鹅生长缓慢，卵黄吸收不良。

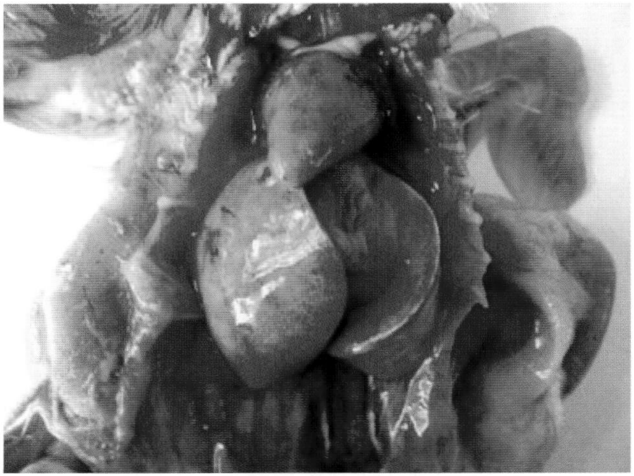

图 1-8-3 心脏变圆，心房扩张

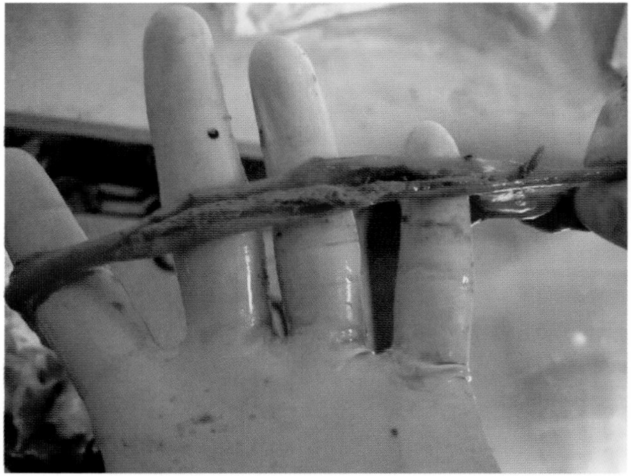

图 1-8-4 小肠肠腔中有纤维素性栓子

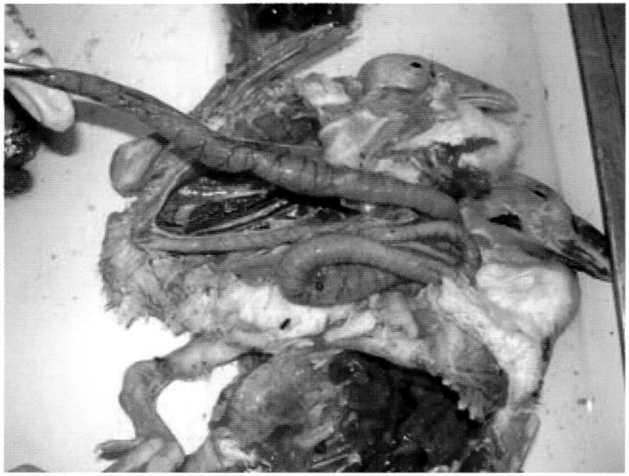

图 1-8-5 小肠中、下段极度膨大

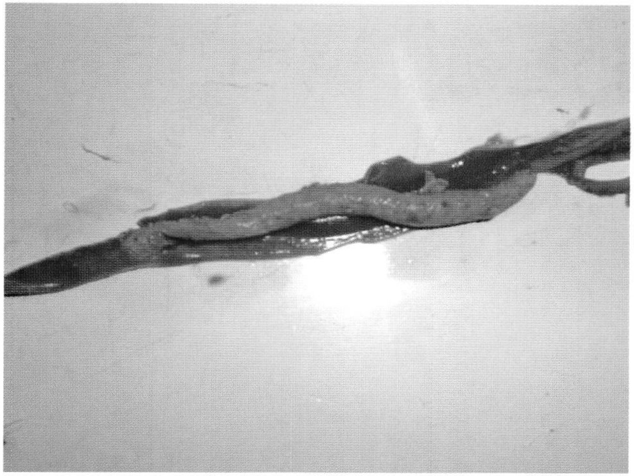

图 1-8-6 小肠肠黏膜出血

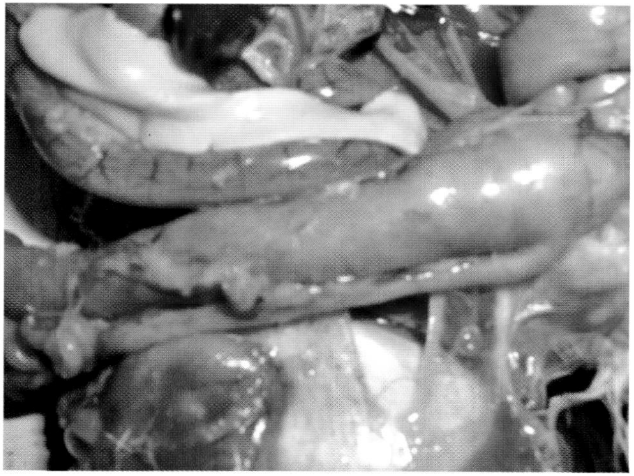

图 1-8-7 直肠与回肠交界处增粗

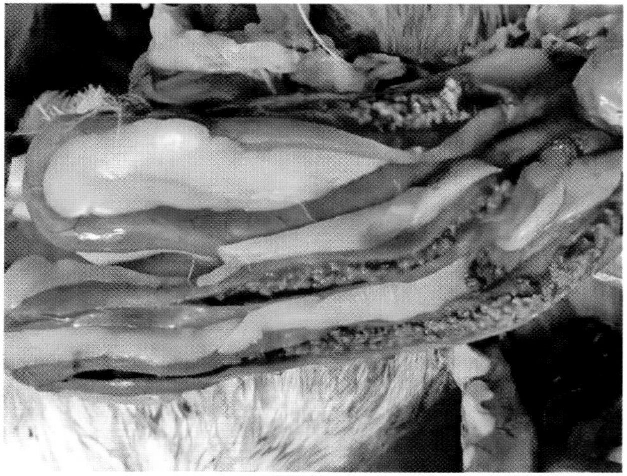

图 1-8-8 小肠肠腔中充满栓子

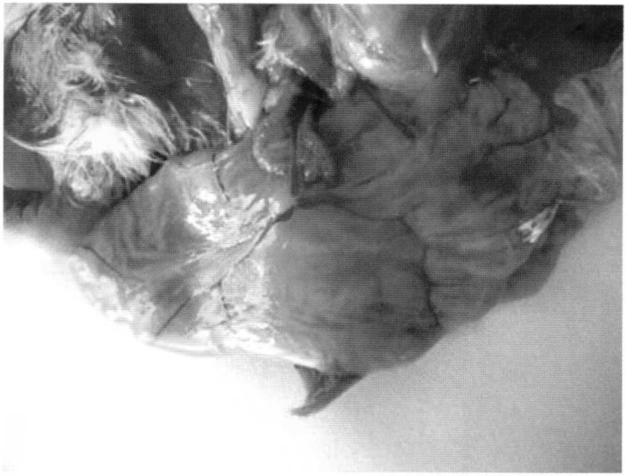

图 1-8-9 卵黄吸收不良

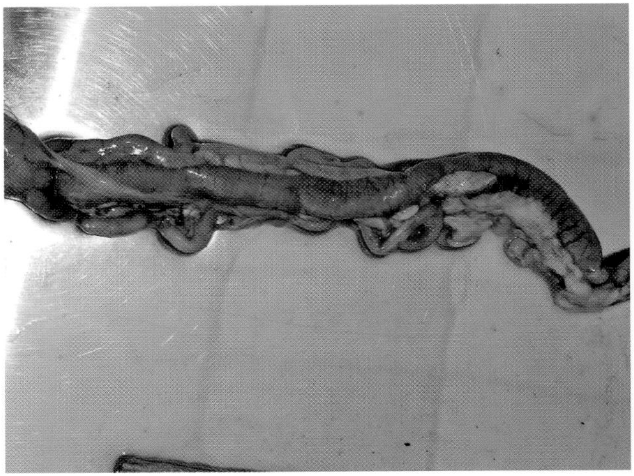

图 1-8-10 回肠段肠管增粗，肠壁出血

图 1-8-11 回肠段肠腔内有凝固性物紧贴肠壁

诊断要点

1）孵出不久的雏鹅群大批发病及死亡。

2）病鹅腹泻。

3）小肠中充塞着浅灰色或浅黄色纤维素性栓子。

4）确诊需要进行实验室诊断。

防控措施

1）小鹅瘟主要是通过孵坊传播的，因此，孵坊中的一切用具设备，在每次使用后必须清洗消毒，收购来的种蛋应用福尔马林熏蒸消毒。如发现雏鹅在 3~5 日龄发病，即表示孵坊已被污染，应立即停止孵化，将房舍及孵化、育雏等全部器具彻底消毒。刚出壳的雏鹅要注意不要与新进的种蛋和大鹅接触，以防感染。对于已污染的孵坊所孵出的雏鹅，应立即注射高免血清。

2）严禁从疫区购进种蛋及种苗；新购进的雏鹅应隔离饲养 20 天以上，确认无小鹅瘟发生时，才能与其他雏鹅合群。

3）在本病严重流行的地区，利用弱毒疫苗甚至强毒疫苗免疫母鹅是预防本病最经济有效的方法。目前使用较广的是小鹅瘟鸭胚化弱毒疫苗，在种鹅留种前 1 个月做第 1 次接种，15 天后做第 2 次接种，再隔 15 天后方可收集种蛋。免疫母鹅所产后代全部能抵抗自然及人工感染，其效果能维持整个产蛋期。

如果种鹅未进行免疫，而雏鹅又受到威胁时，可用鸭胚化弱毒疫苗对刚出壳的雏鹅进行紧急预防接种。也可注射小鹅瘟高免血清和小鹅瘟高免卵黄液，每只 0.5~1 毫升。

4）发病鹅群：首选血清疗法。及早注射小鹅瘟高免血清能制止 80%~90% 已被感染的雏鹅发病。血清用量：对处于潜伏期的雏鹅每只 0.5 毫升，已出现初期症状者每只 2~3 毫升，10 日龄以上者可相应增加。可用抗生素预防继发感染。

① 盐酸环丙沙星、维生素 C 可溶性粉（100 克含环丙沙星 5 克 + 维生素 C 5 克），在每千克水中添加 60 毫克（以环丙沙星计算），连用 5 天。

② 黄栀口服液（主要成分为黄芩、黄连、穿心莲、栀子、白头翁、黄芪多糖等），按 1 毫升药物与 2 千克水混合后饮用，连续用药 7 天。

③ 白头翁散（由白头翁、黄檗、黄连、秦皮组成），每千克饲料中加入 2 克，混匀，连续用药 5 天。中药可辅助小鹅瘟高免血清的治疗。

病死雏鹅应无害化处理，对发病鹅舍进行消毒，严禁病鹅出售或外调。

第二章
细菌性疾病

一、鹅大肠杆菌病

简介

鹅大肠杆菌病是由某些致病性或条件致病性大肠杆菌引起的鹅不同疾病的总称，包括败血症、输卵管炎、腹膜炎、脐炎、关节炎、肉芽肿等一系列病型。

大肠杆菌是禽类肠道的常在菌，是禽类正常菌群的一部分，其中10%~15%的大肠杆菌具有致病性。垫料和粪便中存在大量的这种大肠杆菌，种蛋表面被粪便污染时，细菌穿过蛋壳和壳膜是胚胎感染的最主要途径。其次，空气、饲料、饮水也常被致病性大肠杆菌污染，可造成大肠杆菌病在雏禽中迅速传播。从禽类中分离到的多数大肠杆菌血清型只对禽类有致病作用，一般不引起其他动物（包括人类）的感染。

病原

大肠杆菌属于肠杆菌科、埃希氏菌属，为中等大小的革兰阴性直杆菌。对营养要求不高，在普通营养琼脂平板上37℃培养24小时后，形成表面光滑、边缘整齐、隆起的菌落；在肉汤中生长良好，呈均匀混浊生长；在麦康凯琼脂平板上形成中央凹陷的粉红色菌落，周围有混浊圈；在伊红亚甲蓝琼脂培养基上形成黑色带金属光泽的菌落。

大肠杆菌的抗原成分复杂，有菌体抗原（O）、荚膜抗原（K）、鞭毛抗原（H）等，目前已知的O抗原有173个、K抗原103个、H抗原60个，根据大肠杆菌的O抗原、K抗原、H抗原等表面抗原的不同，可将本菌分为很多血清型。目前已知有些血清型是对动物有致病性的，而有些血清型是非致病性的，有关血清型的调查结果表明，与禽病相关的大肠杆菌血清型有70余种，我国已发现50余种，其中最常见的血清型为O1、O2、O35及O78。

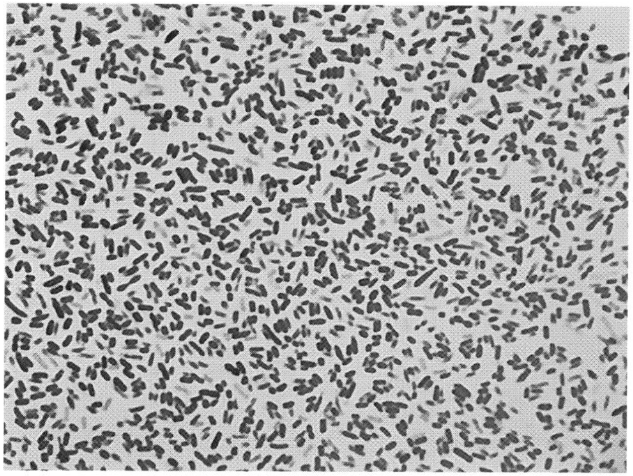

图 2-1-1　大肠杆菌（革兰染色）

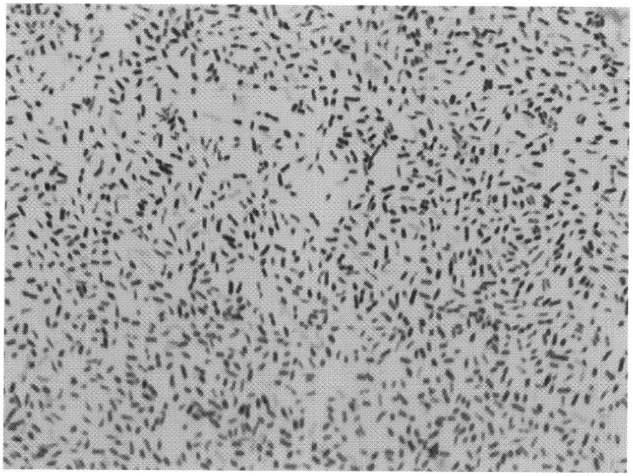

图 2-1-2　大肠杆菌（亚甲蓝染色）

图 2-1-3　大肠杆菌在麦康凯琼脂平板上形成粉红色菌落

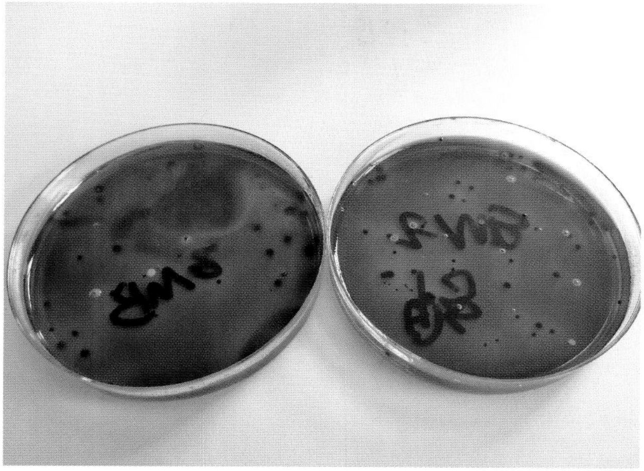

图 2-1-4　大肠杆菌在伊红亚甲蓝琼脂培养基上形成黑色带金属光泽的菌落

本菌抵抗力中等，对理化因素敏感，在温暖、潮湿的环境中存活不超过 1 个月，在寒冷而干燥的环境中能生存较久；一般的消毒药能将其杀死。

流行特点

各品种的鹅对本病都有易感性，近年来鹅群感染率大为提高，尤以种鹅受侵害最严重。种鹅卵巢感染或输卵管炎，在蛋的形成过程中本菌即可进入蛋内，导致经蛋垂直传播；或种蛋被粪便污染，细菌经蛋壳和壳膜侵入蛋内导致胚胎死亡及初生仔鹅的感染。大肠杆菌污染的垫料、饲料、饮水通过消化道感染，或污染空气经呼吸道感染，可造成本病在鹅群水平传播；交配及人工授精也可造成本病的传播。

本病一年四季均可发生，在北方以冬、春寒冷季节多发，南方以多雨、闷热、潮湿季节多发。通风不良、卫生条件差、密度过大、疫苗接种等应激因素都可诱发本病，并可造成严重的经济损失。本病常易与其他疾病相互并发或继发，导致感染率升高。

临床症状与病理变化

（1）败血症型　本病型可见于各日龄的鹅，但以 1~2 周龄雏鹅多见。最急性型常无任何临床症状而突然死亡。急性病例表现突然发病，精神沉郁、食欲减退，腹泻，不喜活动。有的也表现呼吸道症状，病程为 1~2 天。

剖检常见肝脏肿大、质脆、瘀血，表面有针尖大出血点和灰黄色坏死点。心脏肥大，心包积液，心冠脂肪、心外膜有出血点。肾脏肿大，呈紫红色。病程长的表现纤维素性渗出性炎症，在心包、肝脏、气囊、腹膜等处有黄白色纤维素性物质附着。脾脏肿大、出血。急性死亡的鹅，心肌变性、色浅，肝脏呈暗褐色。

（2）鹅大肠杆菌性生殖器官病型　俗称“蛋子瘟”，发生在产蛋期，主要侵害鹅的生殖器官，可导致产蛋率下降30%~40%，种蛋在孵化期间出现大量臭蛋。患病母鹅粪便常常含有小块蛋清或蛋黄，使排出的粪便呈蛋花汤样。有的病鹅泄殖腔脱出、肿胀、出血、坏死。

主要病变为母鹅输卵管炎、卵巢炎和卵黄性腹膜炎，常见卵泡变形、出血、变性，腹腔中有大量凝固的卵黄碎片。输卵管增粗，内有时可见白色凝固物。公鹅的阴茎肿大数倍，表面有化脓或干酪样小结节。

（3）脐炎型　多见于出生后1周内的雏鹅，死亡率高，表现为脐孔周围红肿，腹部膨大，脐孔闭合不全。剖检可见卵黄囊膜水肿、增厚，卵黄稀薄、腐臭，呈乌褐色或有豆腐渣样物质，吸收不良。

（4）浆膜炎型　常发于2~6周龄雏鹅，尤其是舍饲的鹅。病鹅精神委顿，羽毛脏乱，食欲减退甚至废绝。并表现气喘、咳嗽、甩鼻等呼吸道症状，眼、鼻常有分泌物。常发生下痢，肛门周围羽毛被稀粪污染，脚蹼干燥。部分病例腹部下垂，行动迟缓。

病变主要表现为心脏、肝脏、肌胃表面有黄色纤维素性膜覆盖；剥离心包膜，露出“绒毛心”。气囊混浊变厚，内有纤维素性物质附着。

（5）关节炎型　此型多见于幼、中雏鹅，多呈慢性经过，跛行。跗关节、跖关节、趾关节肿大，关节腔内有混浊的关节液或纤维物质渗出，滑膜肿胀、增厚。

（6）眼炎型　病鹅单侧或双侧眼睑肿胀，眼内有纤维素性渗出物，眼结膜潮红、肿胀，严重者失明。

（7）大肠杆菌性肉芽肿型　此型是由某些血清型的黏液性大肠杆菌引起的慢性大肠杆菌病。鹅感染后，常在十二指肠、盲肠、肠系膜、肝脏、心脏等处形成大小不一的肉芽肿。

（8）脑炎型　有些大肠杆菌能突破鹅的血脑屏障进入脑部，脑膜充血、出血，引起昏睡和头颈扭曲、抽搐等神经症状，并可从脑组织中分离到大肠杆菌。

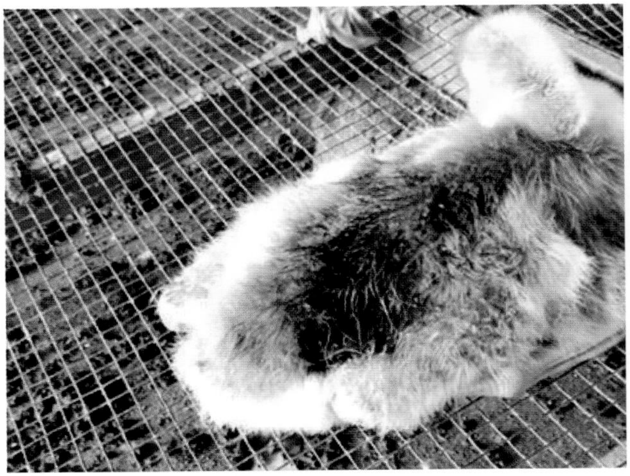

图 2-1-5 病鹅精神沉郁、排绿色稀粪

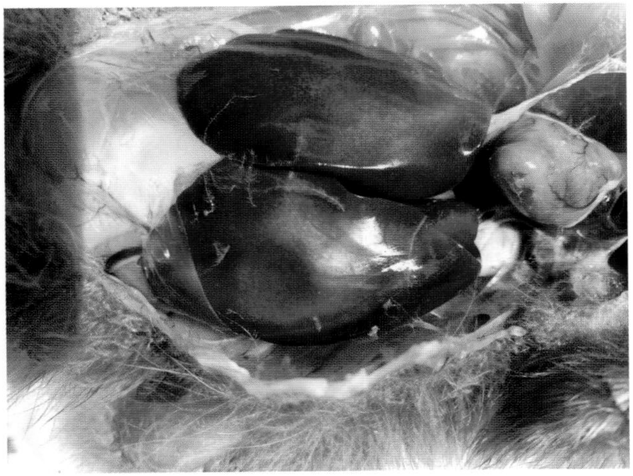

图 2-1-6 急性死亡的鹅，肝脏肿大、质脆、瘀血，有小坏死灶

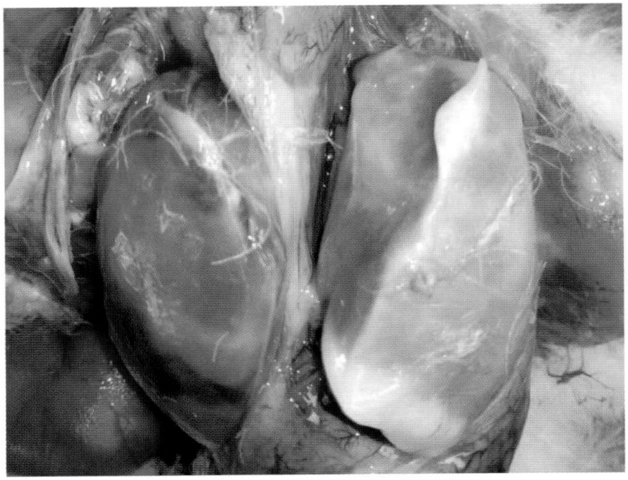

图 2-1-7 病程长者，肝脏表面有黄白色纤维素性膜

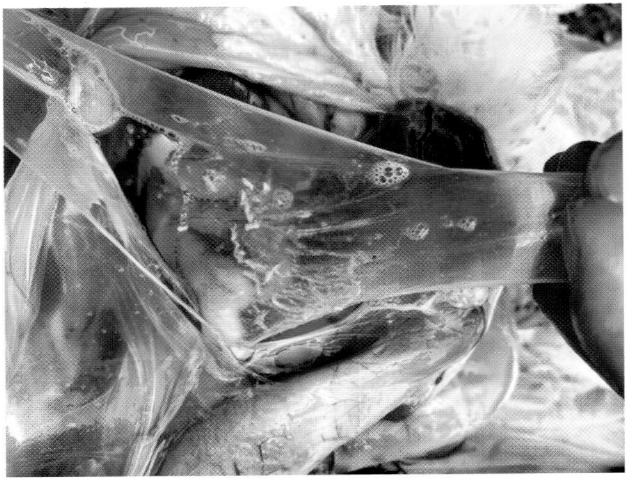

图 2-1-8 腹膜有黄白色纤维素性物附着

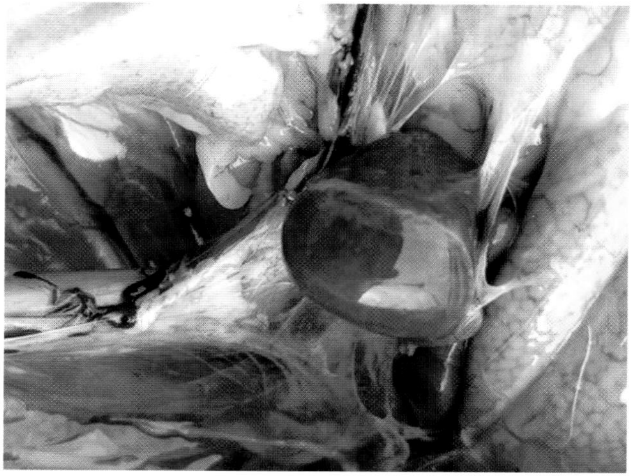

图 2-1-9　脾脏肿大、出血

图 2-1-10　急性死亡病例，心肌变性、色浅，肝脏呈暗褐色

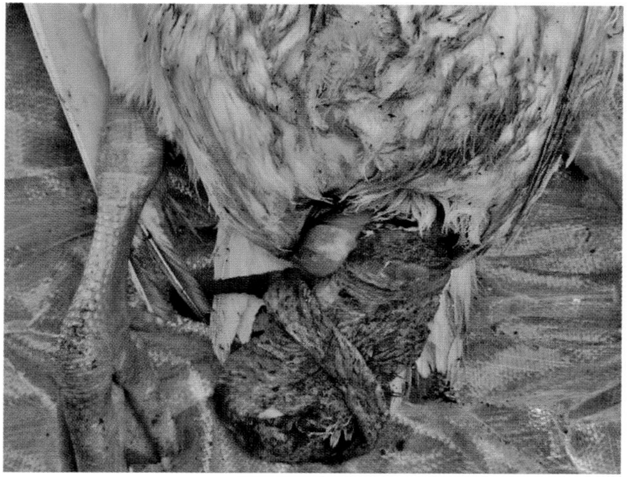

图 2-1-11　鹅泄殖腔脱出、肿胀、坏死

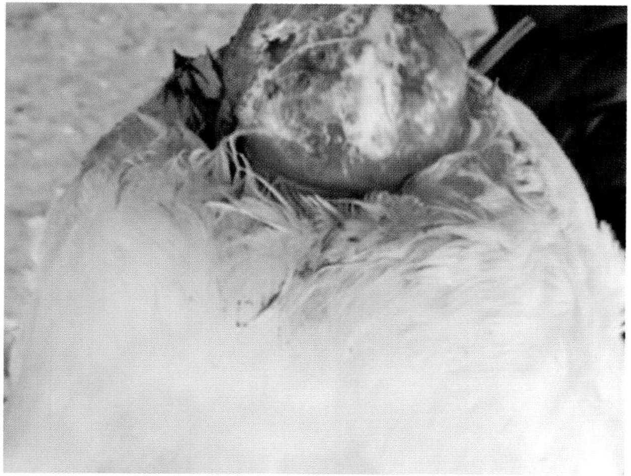

图 2-1-12　鹅泄殖腔外翻、肿胀、出血

图 2-1-13 卵巢炎，卵泡变形、出血

图 2-1-14 输卵管增粗，有大量脓性分泌物

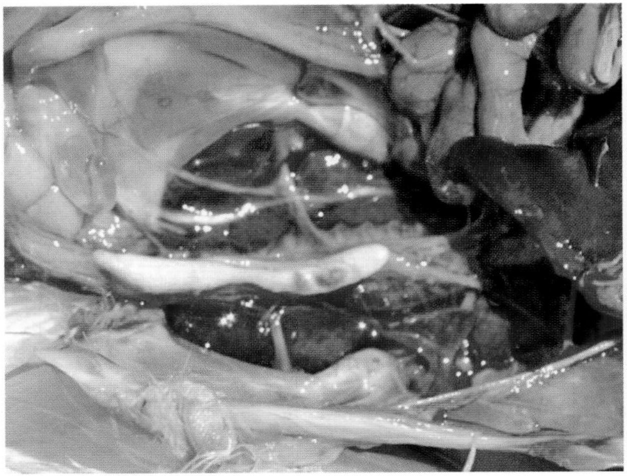

图 2-1-15 输卵管增粗，内有干酪样物

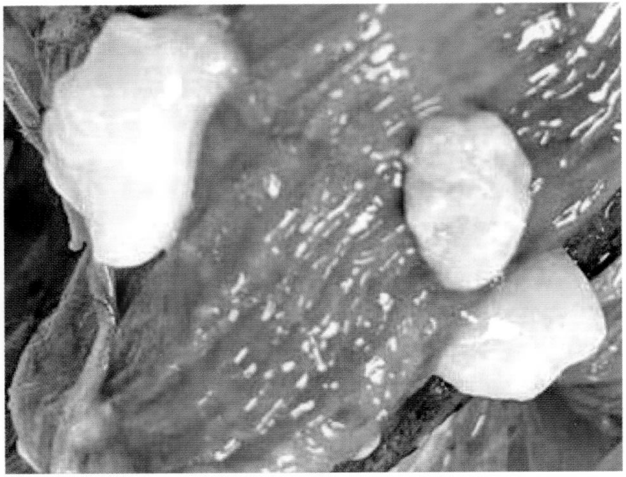

图 2-1-16 输卵管内有白色凝固物

图 2-1-17 心脏、肝脏、肌胃等器官表面有纤维素性膜

图 2-1-18 绒毛心

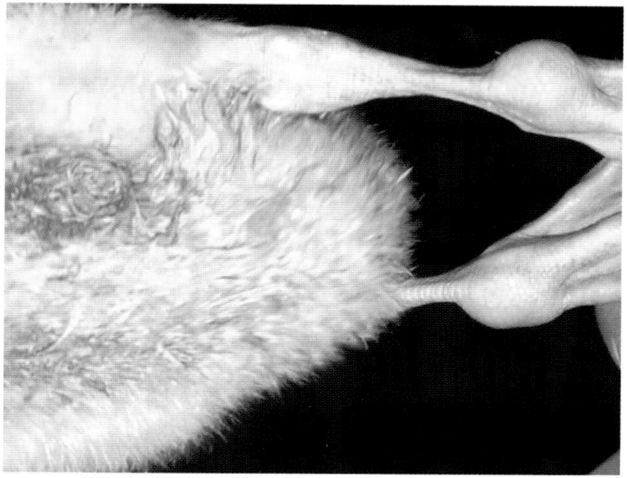

图 2-1-19 跖关节肿大

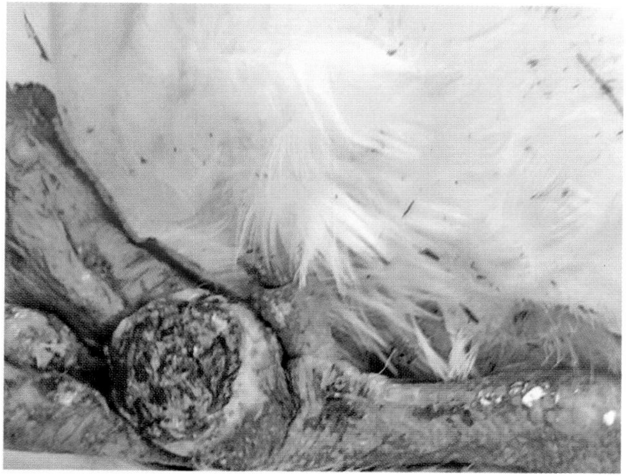

图 2-1-20 脚垫感染后肿胀

图 2-1-21 空肠表面有肉芽肿

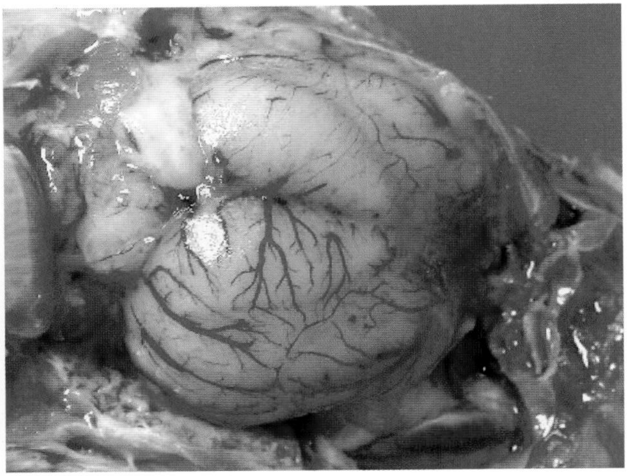

图 2-1-22 脑膜充血、出血

诊断要点

1）本病各日龄的鹅均可发生，尤其饲养管理差的养殖场发病、损失严重。

2）种鹅发病严重，常表现生殖器官损伤。

3）主要病变为纤维素性渗出性炎症，常见纤维素性心包炎、肝周炎、气囊炎、腹膜炎等。

4）确诊需要做实验室诊断。

防控措施

鹅大肠杆菌病病因错综复杂，应采取综合防治措施加以控制。

（1）搞好鹅舍环境卫生和消毒工作 大肠杆菌病是一种环境性疾病，其发生与外界环境息息相关，每天清除粪便，清扫棚舍，定期消毒，保证通风良好，保证饲料、饮水的清洁等可预防本病。

（2）加强种鹅、种蛋的饲养与管理　经蛋传播是本病重要的传播方式，种鹅场应及时发现和淘汰病鹅；采精、输精过程一定注意无菌操作。及时收集种蛋，存放时间不能超过 1 周；种蛋在入孵前、落盘后，以及孵化室、孵化器、出雏器均应进行严格的消毒。

（3）疫苗免疫　常发生本病的鹅场可使用大肠杆菌多价油乳剂灭活疫苗进行预防，种鹅 5 周龄左右首免，开产前 2~3 周二免，必要时可于产蛋后 4~5 个月强化免疫。

（4）药物防治　大肠杆菌对抗菌药物易产生耐药性，最好通过药敏试验选择敏感药物用于治疗；若无条件做药敏试验，可选用平时未曾使用过的抗菌药物。在本病易发阶段或有应激因素存在时，可服用药物预防本病。药物防治时要注意交替用药，给药时间要早，用药疗程要足。常用于治疗本病的药物有阿米卡星、氟苯尼考、氟喹诺酮类药物（如环丙沙星）、头孢噻呋、多西环素、磺胺类药物、乙酰甲喹等，治疗时还应注意对症治疗，如补充维生素和电解质等。

① 磺胺二甲氧嘧啶钠与酒石酸泰乐菌素联合用药 100 克（含泰乐菌素 10 克和磺胺二甲氧嘧啶钠 10 克），每千克水中添加 3~4 克，连用 5 天。

② 酒石酸泰乐菌素与盐酸多西环素联合用药 100 克（含泰乐菌素 12.5 克、多西环素 5 克），每千克饮水中添加 2 克，连用 5 天。

③ 卡那霉素，肌内注射时为 5~10 毫克 / 千克体重，每天 2 次，连用 5 天；饮水时为 0.01%~0.02%，连用 5 天。

药物使用要注意留足休药期。要符合国家有关规定。注意提升养殖模式，选址要注意生物安全，远离村庄，减少发病，减少用药。

图 2-1-23 保持饲料卫生，经常清洗料槽

图 2-1-24 保持运动场卫生，经常消毒

图 2-1-25 搞好鹅舍环境卫生，避免鸡、鹅混养

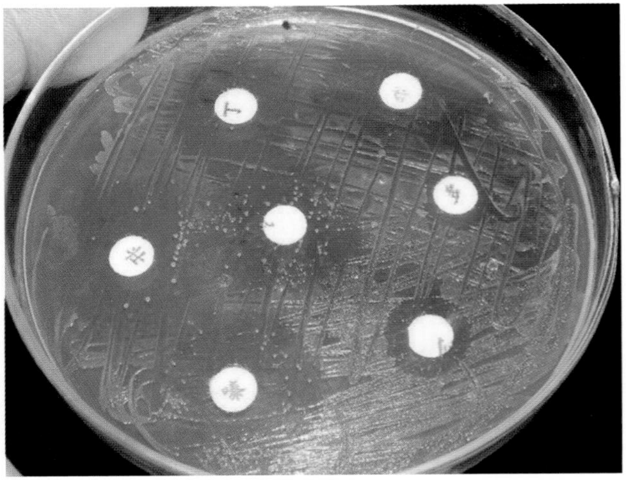

图 2-1-26 通过药敏试验选择敏感药物

二、禽副伤寒（鹅沙门菌病）

简介

禽沙门菌病是由肠杆菌科、沙门菌属中的一种或多种沙门菌引起的禽类疾病的总称。据细菌抗原结构的不同可分为鸡白痢、禽伤寒和禽副伤寒 3 类。鹅沙门菌病主要表现为禽副伤寒。

禽副伤寒是由多种能运动的广嗜性沙门菌引起的禽类传染病。除家禽外，许多温血动物，包括人类也能感染，所以广义上又将其称为副伤寒。本病对仔鹅危害严重，成年鹅多呈慢性或隐性经过。

禽副伤寒沙门菌能广泛感染多种动物和人。目前，受其污染的家禽及其产品已成为人类沙门菌感染和食物中毒的主要来源之一。因此，防治禽副伤寒具有重要的公共卫生意义。

病原

引起禽副伤寒的沙门菌约有 90 多个血清型，其中最常见的为鼠伤寒沙门菌，此外还有肠炎沙门菌、鸭沙门菌、乙型副伤寒沙门菌等。

禽副伤寒沙门菌均为革兰阴性杆菌，有鞭毛、能运动，不形成荚膜和芽孢。兼性厌氧；最适生长温度为 37℃；最适 pH 为 7.0；对营养的要求不高，能在营养琼脂和普通肉汤中生长，在营养琼脂平板上形成圆形、光滑、湿润、微隆起、闪光、边缘整齐、直径为 1~2 毫米的菌落；在 SS 琼脂上可形成无色、透明、光滑、圆整的菌落，产生 H_2S 的菌株菌落有黑色中心；在亚硫酸铋琼脂上形成黑色菌落，其周围绕以黑色或棕色的大圈，对光观察有金属光泽。

禽副伤寒沙门菌抵抗力不强，60℃经 15 分钟可被杀死；对酸、碱、酚类及醛类消毒剂敏感。但本菌在外界环境中的生存能力强，在粪便和土壤中能存活数月之久，甚至 3~4 年；在孵化室脱落的绒毛中可存活 5 年。

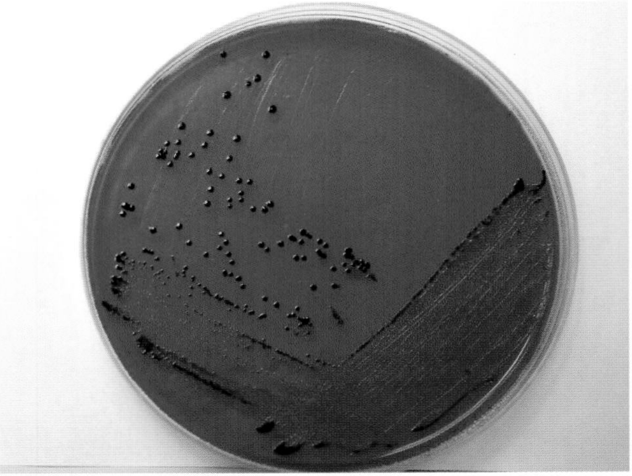

图 2-2-1 SS 琼脂上生长的沙门菌：产生 H_2S 的菌株菌落有黑色中心

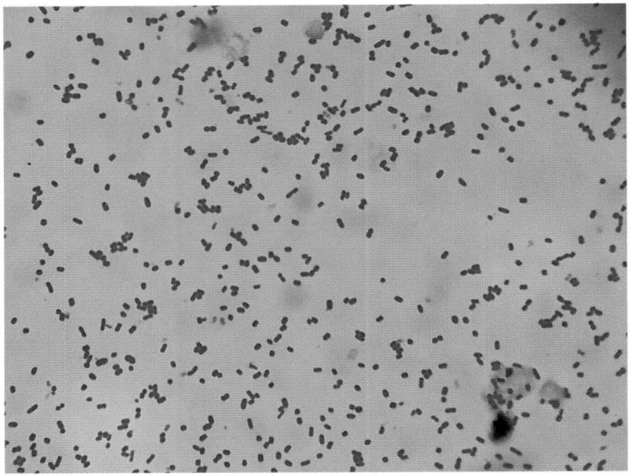

图 2-2-2 禽副伤寒沙门菌为革兰阴性杆菌

流行特点

禽副伤寒最常见于鸡、火鸡、鸭、鹅、鸽等，常在 2 周龄内感染发病，而以 6~10 日龄雏禽死亡最多，1 月龄以上的家禽有较强的抵抗力，一般不引起死亡，也往往不表现临床症状。

本病的传染源主要是病禽、带菌禽及其他带菌动物。它们通过粪便向外排出病原菌，通过污染的饲料、饮水经消化道水平传播；也可通过污染的种蛋（蛋壳污染和蛋内感染）垂直传播；野鸟、猫、鼠、蝇、蟑螂、人类也都可成为本病的机械性传播者。棚舍闷热、潮湿，卫生条件不好，拥挤，维生素或微量元素缺乏等都有助于本病的发生。

临床症状

禽副伤寒在幼禽中多呈急性或亚急性经过，而在成年禽中一般为隐性感染，或呈慢性经过。

雏鹅感染副伤寒多由带菌种蛋引起。2 周龄以内雏鹅感染常呈败血症经过，往往不显示任何症状突然死亡。多数病例表现嗜睡、呆滞；羽毛松乱、畏寒颤抖、垂头闭眼、翅下垂；食欲减退、饮水增加；眼和鼻腔流出清水样分泌物；下痢、肛门常有稀粪黏着；步态不稳、共济失调、角弓反张，最后抽搐死亡。少数慢性病例可能出现呼吸道症状，表现呼吸困难、张口呼吸。也有病例出现关节肿胀。

3 周龄以上的鹅很少出现急性病例，常成为慢性带菌者，如继发其他疾病，可使病情加重，加速死亡。成年鹅一般无临床症状，偶有腹泻，往往成为带菌者。

图 2-2-3 病鹅抽搐死亡

图 2-2-4 病鹅缩脖、闭眼、嗜睡、怕冷聚堆

病理变化

初生雏鹅的主要表现为卵黄吸收不良和脐炎，俗称“大肚脐”，剖检可见卵黄黏稠、颜色变深，肝脏轻度肿大。病程稍长的病鹅常见肝脏肿大、充血、出血，呈古铜色，表面有纤维素性渗出物，肝脏实质内有散在的灰白色坏死点。有的气囊混浊，常附有浅黄色纤维素团块。有的表现心肌炎、心包炎，心包内有纤维素性渗出物。脾脏肿大、色暗，呈斑驳状。肾脏色浅，肾小管与输尿管内有尿酸盐沉着。盲肠肿胀，内有干酪样栓子。有的肠道黏膜出血，部分节段出现变性或坏死。个别病例也表现关节炎。

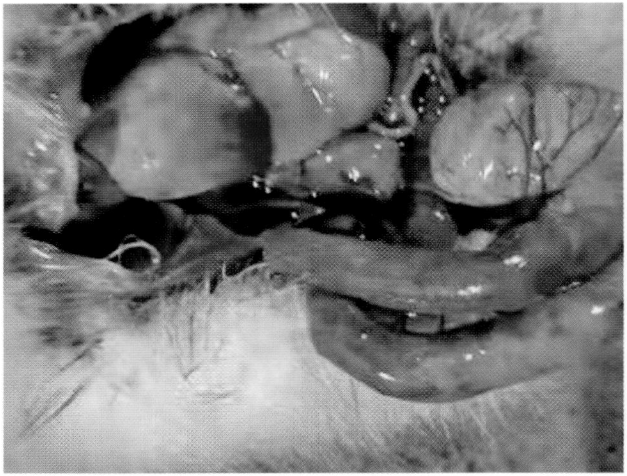

图 2-2-5 肝脏出血，卵黄吸收不良

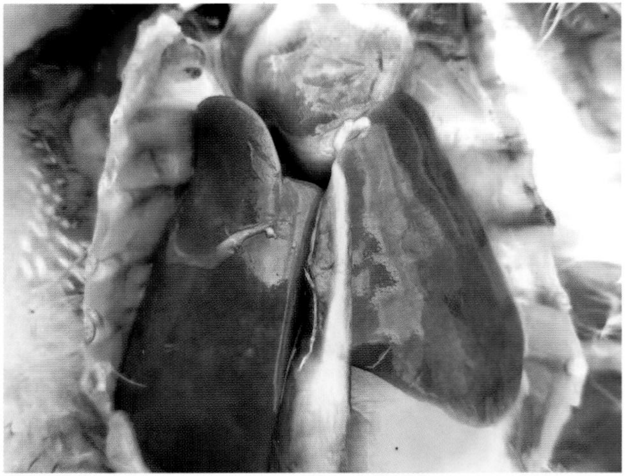

图 2-2-6 肝脏肿大、充血，呈古铜色

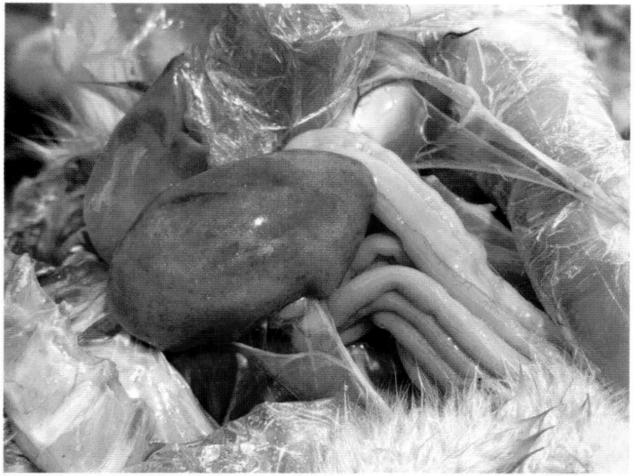

图 2-2-7 肝脏出血，有灰白色坏死点

图 2-2-8 肝脏肿大，边缘变钝，有灰白色坏死点

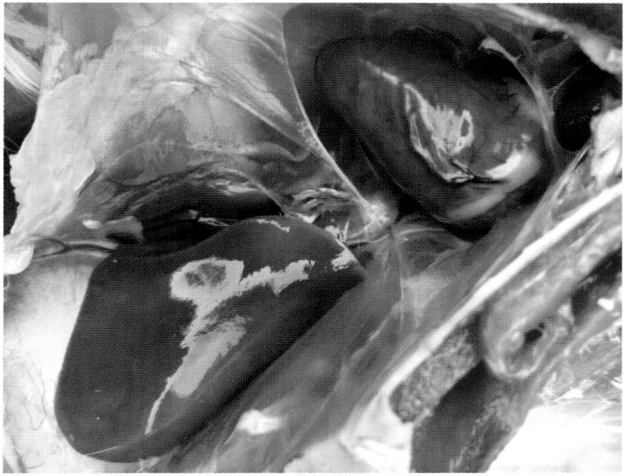

图 2-2-9 肝脏肿大、呈古铜色，心肌充血

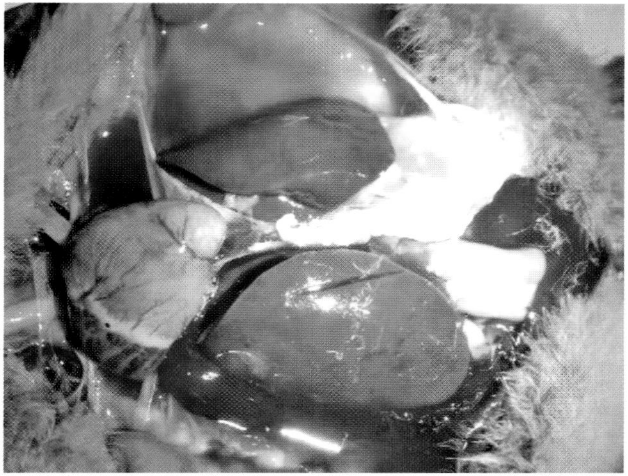

图 2-2-10 心肌炎，心肌苍白，胸腹腔积液

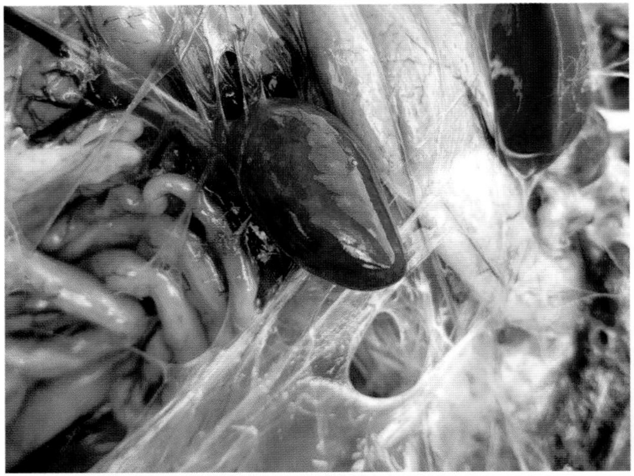

图 2-2-11 脾脏肿大、色暗，呈斑驳状，气囊混浊

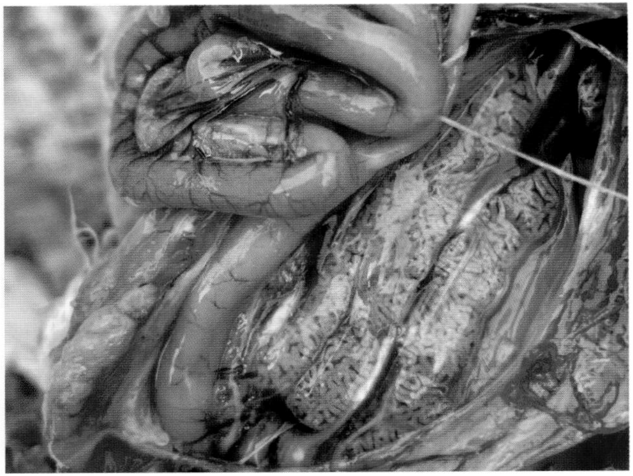

图 2-2-12 肾脏色浅，肾小管与输尿管内有尿酸盐沉着 1

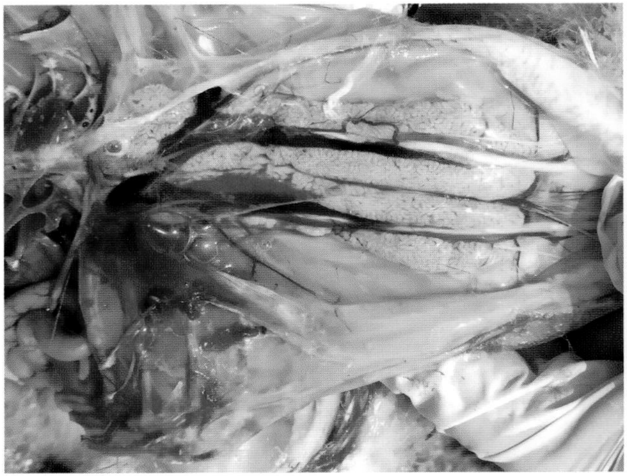

图 2-2-13 肾脏色浅，肾小管与输尿管内有尿酸盐沉着 2

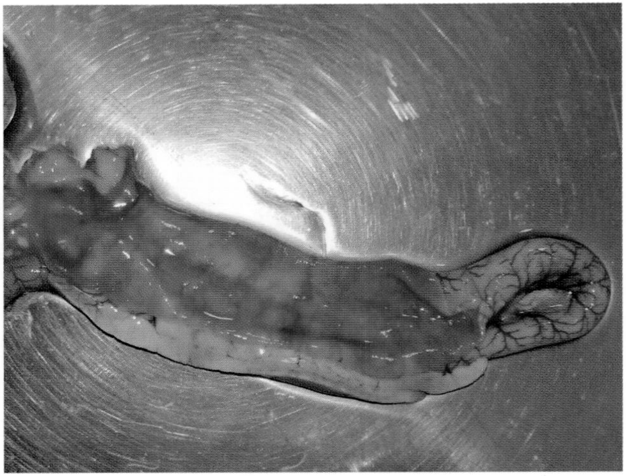

图 2-2-14 十二指肠肠道黏膜出血

诊断要点

1）本病以雏鹅多发，尤其 2 周龄以内的雏鹅严重。

2）雏鹅发病多为败血症经过。

3）初生雏鹅多表现为脐炎，病程长的可见肝脏、心脏等脏器出血、坏死与纤维素性渗出性炎症。

4）确诊需要做实验室诊断。

防控措施

（1）综合防控措施　加强饲养管理、卫生消毒、检疫和隔离工作，避免鹅和猫、狗等动物混养。感染过沙门菌的种鹅群不能留作种用；及时收集种蛋；孵化室、孵化器、出雏器等要严格消毒；垫料保持清洁卫生，必要时进行消毒；料槽和水槽要经常清洗，防止被粪便污染；避免雏鹅直接或间接接触种鹅。

（2）发病后的控制措施　发病后，对急性病例要迅速隔离、治疗；对死鹅及病重濒死的鹅应立即淘汰、深埋或焚烧，防止疫情扩散。药物治疗可以降低急性禽副伤寒引起的死亡，并有助于控制本病，但不能完全消灭本病。氟喹诺酮类药物、氨苄西林（氨苄青霉素）、磺胺类药物、多西环素、氟苯尼考、庆大霉素、阿米卡星、链霉素等对本病具有很好的治疗效果。最好通过药敏试验选择敏感的药物进行治疗。白头翁、黄连、贯众、板蓝根和大青叶等组成的中药处方对本病有治疗效果。治愈后的鹅往往成为带菌者，不能留作种用。

① 泰乐菌素 50 克、磺胺间甲氧嘧啶钠 50 克、甲氧苄啶 10 克，拌料 1 吨，混饲，连用 5 天。

② 阿米卡星：10 毫克 / 千克体重，肌内注射，2 次 / 天，连用 5 天。

③ 20% 氟苯尼考可溶性粉：1 克 / 千克水，饮水给药，连用 3 天。

④ 多西环素：0.1 克 / 千克饲料，连用 3 天。

公共卫生

禽副伤寒不但危害鹅，还可传染人。人类沙门菌食物中毒常表现体温升高，伴有头痛、寒战、恶心、呕吐、腹痛和严重腹泻等症状。治疗可用抗菌药物，脱水严重者要静脉注射 5% 葡萄糖生理盐水，大多数患者可于 3~4 天恢复。防止家禽及其产品污染沙门菌已被列为世界卫生组织（WHO）的主要任务之一，各国食品卫生标准中也都规定食品中不得检出沙门菌。

图 2-2-15 避免鹅和猫、狗等动物混养

三、鹅葡萄球菌病

简介

鹅葡萄球菌病是由金黄色葡萄球菌引起的鹅的急性败血性或慢性传染病，是危害养鹅业的一种常见的细菌性疾病。

病原

本病病原为金黄色葡萄球菌，属微球菌科、葡萄球菌属。革兰染色呈阳性，圆形或卵圆形，在固体培养基上生长的细菌常呈葡萄串状排列，而在脓汁或液体培养基中生长的细菌则单在、成对或呈短链状排列。金黄色葡萄球菌亚甲蓝染色后，被染成蓝色。金黄色葡萄球菌为需氧或兼性厌氧菌，对营养物质要求不高，在普通营养琼脂培养基上生长良好，可形成直径为1~3毫米，表面光滑、湿润、隆起的圆形菌落。菌落在室温（20℃）下能够产生金黄色色素，使菌落逐渐呈现金黄色。在血液琼脂平板生长的菌落较大，有些菌株菌落周围出现β溶血环，产生溶血环的菌株多为病原菌。

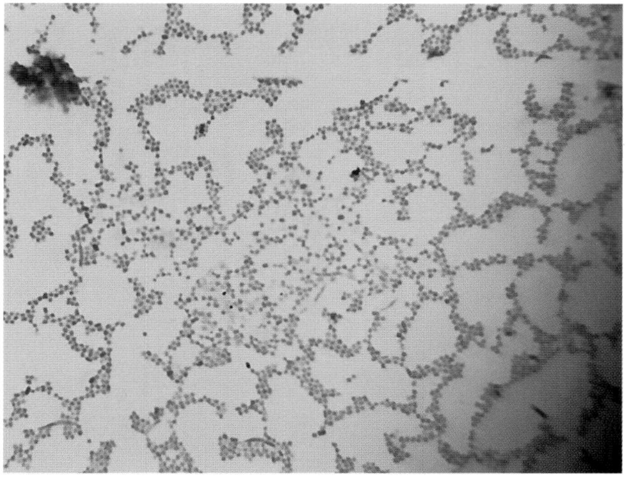

图 2-3-1　金黄色葡萄球菌，亚甲蓝染色

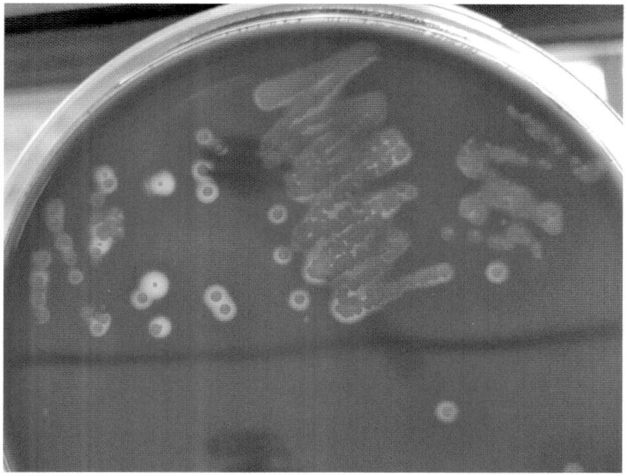

图 2-3-2　菌株菌落周围出现溶血环

本菌对外界理化因素的抵抗力较强，在尘埃、干燥的脓汁或血液中能存活几个月，80℃加热30分钟才能杀死。常用消毒剂以3%~5%苯酚的杀菌效果最好。

流行特点

金黄色葡萄球菌在自然环境中分布极为广泛，空气、尘埃、污水及土壤中都有，也是鹅体表及上呼吸道的常在菌。葡萄球菌病是一种环境性传染病，特别是养鹅场环境卫生和饲养管理条件差时容易发生。损伤的皮肤、黏膜是葡萄球菌主要的入侵门户。对鹅来说，皮肤创伤是葡萄球菌病主要的传染途径，常见于脐带感染、刮伤和扭伤、吸血昆虫的叮咬等。也可通过直接接触和空气传播，这种情况多见于饲养管理上的失误，如拥挤，通风不良、有害气体浓度过高（氨气过浓），饲料单一、维生素和矿物质缺乏，种蛋及孵化器消毒不严等。

本病一年四季均可发生，但以雨季、潮湿季节多发。

临床症状

鹅葡萄球菌病在雏鹅中主要表现为败血症和脐炎，在青年鹅和成年鹅中主要表现为关节炎。

（1）败血症型 常发于雏鹅和幼鹅，病鹅精神沉郁，食欲减退或废绝，不愿运动，双翅下垂，眼半闭呈瞌睡状。腹泻，排绿色或黄绿色稀粪。胸、腹部皮肤呈紫色，皮下浮肿，有血样渗出液，局部羽毛脱落；有的病鹅翅尖、背部、腿部等处的皮肤出现大小不等的出血、皮下浸润，溶血糜烂，后期则表现为炎性坏死，局部形成暗紫色干燥的结痂。急性的可致死亡，病程为3~4天。

（2）脐炎型 脐炎多发生于刚出壳不久的幼雏，因脐孔闭合不全而感染金黄色葡萄球菌。病雏眼半闭、无神，腹部膨胀，走路不稳，脐孔发炎肿胀，局部质硬、呈黄红色或紫黑色，有时脐部有暗红色或黄色液体，病程稍长则变成干涸的坏死物。发生脐炎的病雏一般在出壳后2~5天死亡。

（3）关节炎型 多发生于较大日龄的鹅或成年鹅，呈慢性经过，也可由急性病例转化而来，表现多个关节炎性肿胀，特别是跗、趾关节常多见。肿胀的关节呈紫红色或紫黑色，有波动感，有的可见破溃，并形成污黑色结痂。病鹅跛行，不愿站立和走动，多伏卧，一般仍有食欲，多因采食困难而逐渐消瘦，最后衰竭死亡。病程为10天以上。

图 2-3-3　病鹅腹泻，排绿色或黄绿色稀粪

图 2-3-4　病鹅腹部膨胀

图 2-3-5　跗关节肿大

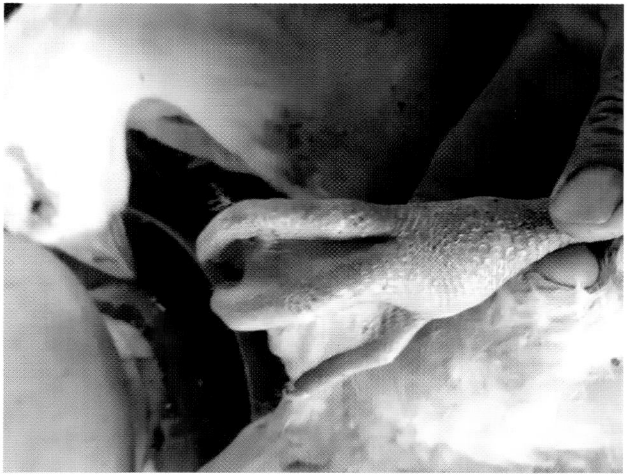

图 2-3-6　趾关节肿胀

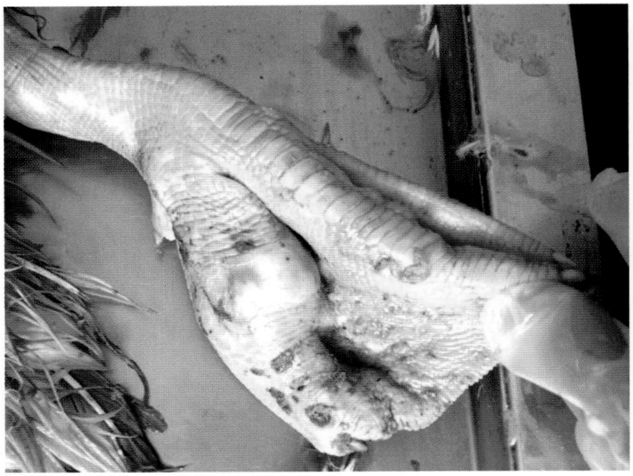

图 2-3-7 趾关节肿胀、变形

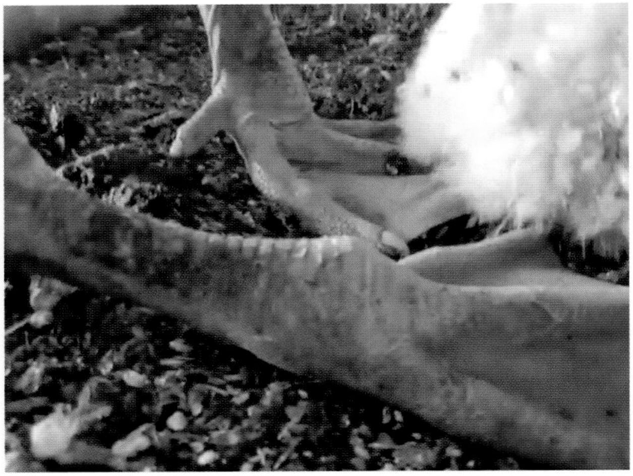

图 2-3-8 跖关节肿胀，不敢负重

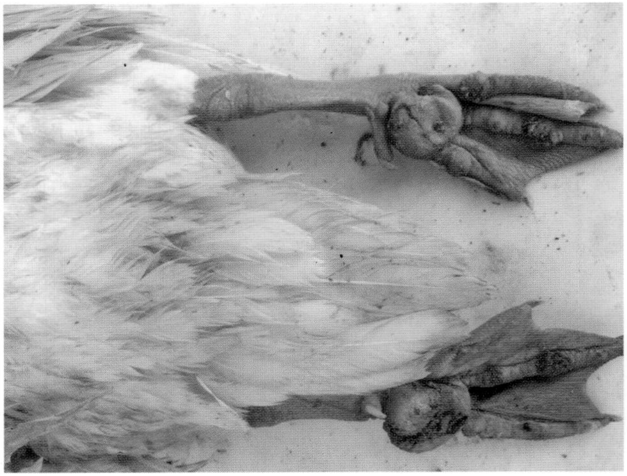

图 2-3-9 脚垫肿胀

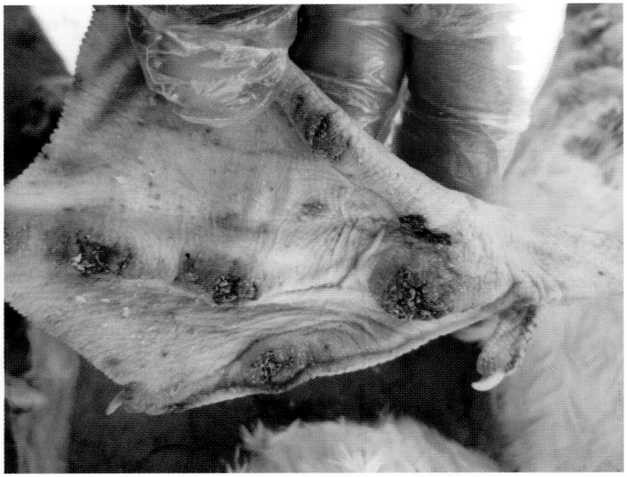

图 2-3-10 趾关节皮肤皲裂、肿胀

图 2-3-11 趾关节肿胀、呈紫红色

图 2-3-12 病鹅脚掌坏死结痂，肿胀如球

病理变化

（1）败血症型 病死鹅胸部、前腹部皮肤浮肿、呈紫黑色，切开可见皮下充血和溶血，皮下组织呈弥漫性紫红色或黑红色，积有大量胶冻样粉红色水肿液；胸、腹、腿内侧肌肉可见有散在的出血斑点或条纹；肝脏肿大、呈浅紫红色，病程长的有数量不等的白色坏死点；脾脏偶见肿大、呈紫红色，病程稍长者也有白色坏死点；心包扩张、积液，心冠脂肪和心外膜偶见出血点；肺出血。

（2）脐炎型 脐部肿大、呈紫红色，有暗红色或黄红色液体，时间长的则为脓样干涸坏死物。卵黄吸收不良，呈黄红色或黑灰色，并混有絮状物。

（3）关节炎型 可见关节和滑膜炎症，表现关节肿胀，滑膜增厚，关节腔内有浆液性或纤维素性渗出物。病程较长的病例，渗出物变为干酪样物，关节周围结缔组织增生及关节变形。

图 2-3-13 心包扩张、积液

图 2-3-14 关节腔内有浆液性渗出物

诊断要点

1）本病多因皮肤创伤而发生，一年四季均可发生，但以雨季、潮湿季节多发。

2）雏鹅多表现为败血症型、脐炎型，成年鹅多表现为关节炎型。

3）主要病变为皮肤、内脏出血、坏死；脐部肿胀，卵黄吸收不良；关节肿胀、变形等。

4）确诊需要做实验室诊断。

防控措施

（1）综合防控措施 防止和减少外伤的发生，运动场上不能有碎石、碎玻璃等杂物，免疫接种时要细心并注意消毒。鹅舍、运动场、用具定期消毒，减少环境中的细菌数量，降低感染机会。饲喂全价饲料，特别注意供给充足的维生素和矿物质；加强通风换气，保持鹅舍干燥；避免过度拥挤。

（2）发病后的控制措施 一旦鹅群发病，应及时隔离病鹅，及时清理粪便，并进行环境消毒。同时要立即全群给药。金黄色葡萄球菌易产生耐药性，应通过药敏试验，选择敏感药物进行治疗。常见药物有庆大霉素、硫酸卡那霉素、阿米卡星、林可霉素、红霉素、盐酸环丙沙星等。也可用中药治疗。

① 阿米卡星：15 毫克 / 千克体重，每天 2 次，拌料饲喂，连用 5 天。

② 林可霉素：30 毫克 / 千克体重，每天 3 次，拌料饲喂，连用 5 天。

③ 红霉素：饮水时用量为 0.005%~0.02%，拌料时用量为 0.01%~0.03%，连用 5天。

④ 中药治疗：甘草、神曲、车前子、大蓟、茜草、板蓝根、黄檗、黄连叶、黄芩等份加水煎煮，每只鹅给药 2 毫升，每天 1 次，连用 5 天。

图 2-3-15 病鹅饲喂全价饲料，定期清洗料槽

图 2-3-16 保持鹅舍卫生，定期消毒

四、禽霍乱

简介

禽霍乱又称禽巴氏杆菌病、禽出血性败血症，是由某些血清型的多杀性巴氏杆菌引起的主要侵害鸡、鸭、鹅、火鸡等禽类的一种接触性传染病。本病在世界大多数国家都有分布，呈散发或地方性流行，多数情况下，能造成很高的死亡率。

病原

禽霍乱的病原为多杀性巴氏杆菌禽源株。菌体为两端钝圆、中央微凸的短杆菌，革兰染色阴性，病料组织或血液涂片用碱性亚甲蓝、姬姆萨氏法或瑞氏法染色，可见两极浓染，故又称两极杆菌。本菌为需氧或兼性厌氧菌。在普通培养基上可以生长，但不茂盛，在鲜血琼脂、血清琼脂或马丁琼脂平板上，生长良好，不溶血。

多杀性巴氏杆菌的抗原结构比较复杂，分型方法有多种。根据 K 抗原红细胞被动凝集试验，可将多杀性巴氏杆菌分为 A、B、D、E、F 5 个型。利用 O 抗原做凝集试验，将本菌分为 1~12 个血清型，不同血清型之间无交叉免疫作用。

本菌对各种理化因素的抵抗力不强。病原菌在死禽体内可存活 1~3 个月，在冬季可存活 2~4 个月。阳光直射和干燥条件下很快死亡。对热敏感，56℃经 15 分钟、60℃经 10 分钟可被杀死。常用消毒剂如 3% 的苯酚、5% 的石灰乳、1% 的漂白粉、0.02% 的升汞作用 1 分钟即可杀死本菌。

流行特点

各种家禽和野禽对本病都有易感性，家禽中以鸡、火鸡、鸭最易感，鹅次之。不同家禽之间可以相互传染。各种年龄的鹅均可感染，以雏鹅、仔鹅和产蛋期种鹅多见。

禽霍乱主要是通过呼吸道、消化道传播，也可通过损伤的皮肤、黏膜传播。病禽、带菌禽通过尸体、粪便、分泌物向外排菌，污染饲料、饮水、禽舍、器具、车辆等，尤其在饲养密度大，通风不良及尘土飞扬的情况下，通过呼吸道感染的可能性更大。吸血昆虫、苍蝇、鼠、猫也可成为传播媒介。

多杀性巴氏杆菌是一种条件性致病菌，某些健康鹅的上呼吸道带有该病原菌，当饲养管理不当、鹅舍阴暗潮湿、拥挤、气温骤变、断水、断料或突然改变饲料、转群、疫苗接种、鹅群发生其他疾病等应激因素存在时，病原菌在抵抗力降低的带菌鹅体内大量生长繁殖，毒力增强，促进本病的发生和流行。多数情况下常为散发，或呈地方性流行。禽霍乱暴发后，如果综合防治措施跟不上，常常出现用药病停，停药复发的状态。

本病的发生无明显的季节性，南方一年四季均有发生，北方则多在高温、潮湿、多雨的夏、秋季节流行。

临床症状

由于鹅的抵抗力和病原菌的致病力强弱不同，临床上所表现的症状也有差异。按病程长短可分为最急性、急性和慢性 3 种类型。

（1）最急性型　常见于暴发初期，鹅群中突然出现不表现任何症状而突然死亡的病例，也有的病鹅表现不安，在奔跑中或饮食中突然倒地，拍翅、抽搐、挣扎死亡，病程极短。

（2）急性型　最为常见，病鹅精神委顿，食欲废绝，羽毛松乱，缩颈闭目，离群呆立。呼吸急促，喉头有黏稠的分泌物。后期常有剧烈下痢，粪便呈灰黄色或绿色甚至混有血液。喙和蹼发紫，翻开眼结膜有出血斑点，最后衰竭、昏迷而死亡。病程为 1~2 天。

（3）慢性型　多见于流行后期，由毒力较弱的菌株引起或由急性病例转化而来。有的病鹅翅、腿关节肿大，跛行以至瘫痪；有的长期腹泻，体重减轻；有的可见鼻窦肿大，鼻腔分泌物增多。

图 2-4-1 病鹅下痢，粪便呈绿色

图 2-4-2 病鹅跛行以至瘫痪

病理变化

（1）最急性型和急性型 主要病变是出血和坏死。常见皮下组织、腹部脂肪有小出血点；心包积液，有时可能混有纤维素样絮状物，心肌出血，心冠脂肪和心外膜有针尖大小的出血点；肺有出血、水肿、瘀血；肠黏膜充血、出血，尤其以十二指肠最为严重；肠管间脂肪、肠系膜脂肪出血；肝脏肿大、质脆，表面及肝实质有许多针头或小米粒大小的灰白色或黄白色的坏死点，有时也可见小出血点。

（2）慢性型 特征病变常局限于某些器官，如病鹅以呼吸道症状为主时，可见鼻腔、鼻窦、气管、支气管呈卡他性炎症，分泌物增多；病变局限于关节的病例，可见关节肿大、变形，有炎性渗出物和干酪样坏死。

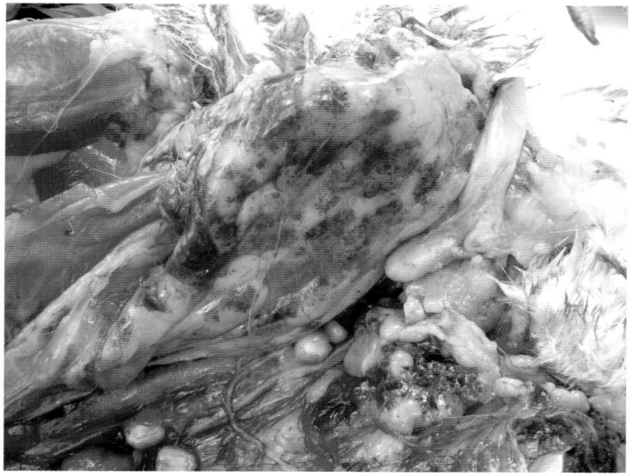

图 2-4-3 腹部脂肪有小出血点

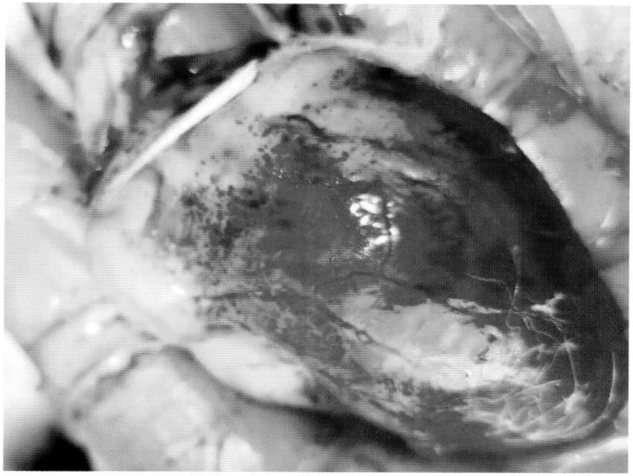

图 2-4-4 心肌大面积出血

图 2-4-5 心冠脂肪有出血点

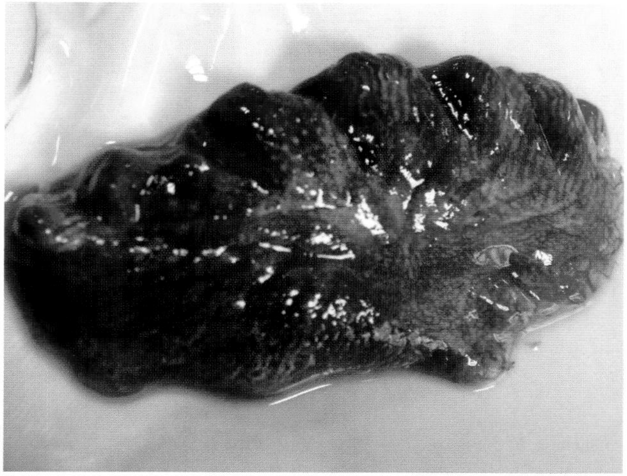

图 2-4-6 肺出血、水肿、瘀血

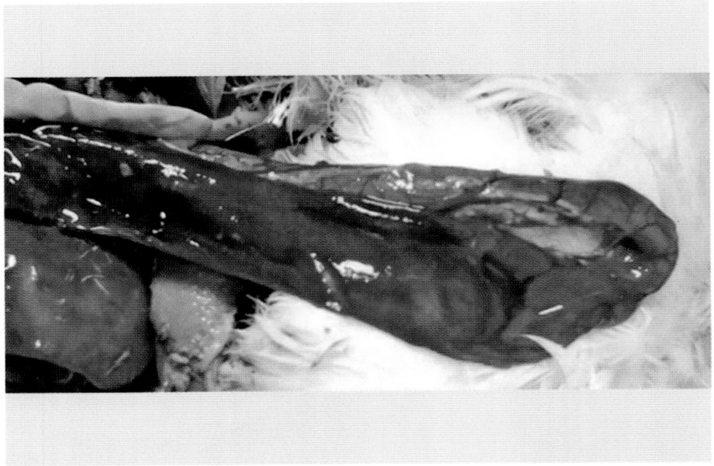

图 2-4-7 十二指肠黏膜充血、出血

图 2-4-8 肠管间脂肪出血

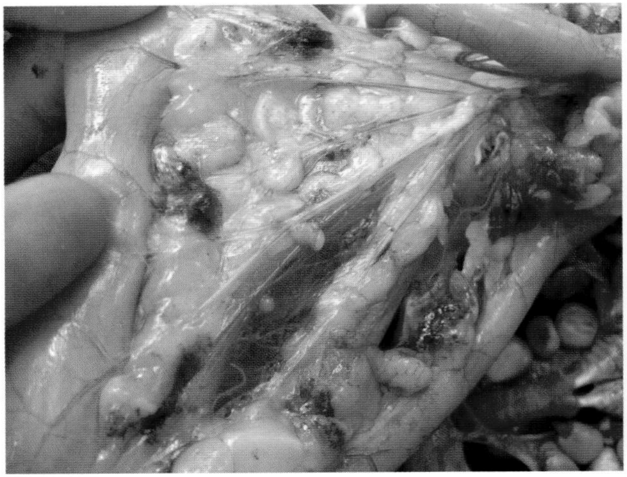

图 2-4-9 肠系膜脂肪出血

图 2-4-10 肝脏、脾脏有灰白色坏死点

诊断要点

1）本病各日龄的鹅均可发生，以雏鹅、仔鹅、产蛋期鹅多见。

2）发病急、病程短，以最急性型与急性型病例多见。

3）主要病变为出血性败血症，尤其肝脏肿大、有黄白色或灰白色坏死灶具有诊断意义。

4）确诊需要做实验室诊断，如病料触片用亚甲蓝或瑞氏染色可见两极浓染的小球杆菌。

防控措施

（1）综合防控措施　加强鹅群饲养管理，搞好环境卫生，建立和完善卫生消毒措施，定期进行环境和鹅舍的消毒；引进种鹅时，必须从无病鹅场购买；新引进的鹅要隔离饲养半个月，观察无病时方可混群饲养；防止家禽混养，避免交叉感染。

（2）免疫接种　在禽霍乱常发或流行严重的地区，可以考虑接种菌苗进行预防。目前我国生产的禽霍乱菌苗主要有 2 类，第 1 类是弱毒菌苗，如禽霍乱 G190~E40 弱毒菌苗，一般在 6~8 周龄进行首免，10~12 周龄进行再次免疫，常采用饮水途径接种；第 2 类是灭活菌苗，主要有禽霍乱蜂胶佐剂灭活菌苗，该苗一般在 10~12 周龄首免，16~18 周龄再加强免疫 1 次。

（3）药物预防　当邻近鹅场发生禽霍乱时，或在本病的易发年龄有应激因素存在时，如气温骤变、更换饲料、转群，可考虑进行全群药物预防。常用的药物有多西环素、氟苯尼考、氟喹诺酮类药物等。

（4）发病后的控制措施　发生本病后，要对鹅舍、饲养环境和用具彻底消毒；粪便及时清除，堆积发酵；病死鹅应全部焚烧或深埋。对发病鹅群要严格检查，病鹅及可疑病鹅应及时隔离，重症者急宰，轻症可以治疗。

治疗可使用庆大霉素、阿米卡星、氟苯尼考、氟喹诺酮类药物、头孢噻呋、多西环素、磺胺类药物等，但最好根据药敏试验结果选用敏感的药物进行治疗。

① 庆大霉素：肌内注射时为 5~10 毫克 / 千克体重，每天 2 次，连用 5 天。如果饮水给药时，药物用量为 0.01%~0.02%，连用 5 天。

② 多西环素：每升水 150~250 毫克，连用 5 天。

③ 生葶苈子粉：2 克 / 只，拌料饲喂，连用 5 天。

④ 取穿心莲 90 份、鸡内金 8 份、甘草 2 份，烘干粉碎成末，小鹅每只 1~2 克，成年鹅每只 2~3 克，拌料饲喂，每天 2 次，连用 5 天。

五、鸭疫里氏杆菌病

简介

鸭疫里氏杆菌病又称鸭传染性浆膜炎，原名鸭疫巴氏杆菌病，是鸭、鹅、火鸡和多种禽类的一种急性或慢性传染病。本病常引起小鹅大批死亡和生长发育迟缓，造成较大的经济损失。

病原

本病病原为鸭疫里氏杆菌，属巴氏杆菌科、里氏杆菌属，为革兰阴性小杆菌，病料触片瑞氏染色呈两极浓染。本菌对营养要求较高，不能在普通琼脂和麦康凯琼脂上生长，初次分离可接种于胰蛋白胨大豆琼脂或巧克力琼脂平板，在烛缸或含 5%~10% CO_2 的培养箱中培养，形成直径 1~1.5 毫米表面光滑、稍凸起、圆形的菌落。在血液琼脂平板上生长良好，不溶血。

本菌血清型较为复杂，到目前为止，国际上已确认有 21 个血清型（即 1~21），各血清型之间无交叉反应。我国目前至少存在 13 个血清型，即 1、2、3、4、5、6、7、8、10、11、13、14 和 15 型。

本菌的抵抗力不强。在室温下，大多数鸭疫里氏杆菌菌株在固体培养基上存活不超过 4 天；55℃下 12~16 小时细菌全部失活。

流行特点

本病以雏鹅易感。主要经呼吸道或通过皮肤伤口（特别是脚部皮肤）感染而发病。本病的发生、流行及造成的危害与应激因素关系密切，恶劣的饲养环境，如育雏密度过大、空气不流通、潮湿、过冷过热、饲料中缺乏维生素或微量元素、蛋白质水平过低等，均易诱发本病。

本病常发生于低温、阴雨、潮湿的季节，如冬季和春季较为多见，其他季节偶有发生。

临床症状

（1）急性型　急性病例多见于 2~3 周龄的仔鹅，临床表现为精神沉郁，不食或少食；两腿无力，不愿走动或行动迟缓，运动失调；眼、鼻有分泌物，眼周围羽毛被黏湿，鼻孔堵塞，呼吸困难；腹泻，排黄白色、黄绿色、绿色稀粪；濒死前，病鹅表现明显神经症状，不停地点头或摇头，转圈、头颈震颤、前仰后翻，有的两腿伸直、头颈向背侧扭曲而呈角弓反张姿势，不久抽搐而死。病程一般为 1~3 天。

（2）亚急性型或慢性型　亚急性或慢性病例，多发生于 4~7 周龄较大的鹅，病程可在 1 周以上。主要表现为精神沉郁，厌食；腿软，不愿走动或卧地不起；羽毛粗乱，进行性消瘦，或呼吸困难。少数病例表现脑膜炎的症状，表现斜颈、痉挛性点头或摇摆，受惊吓时转圈或倒退，存活者往往发育迟缓。

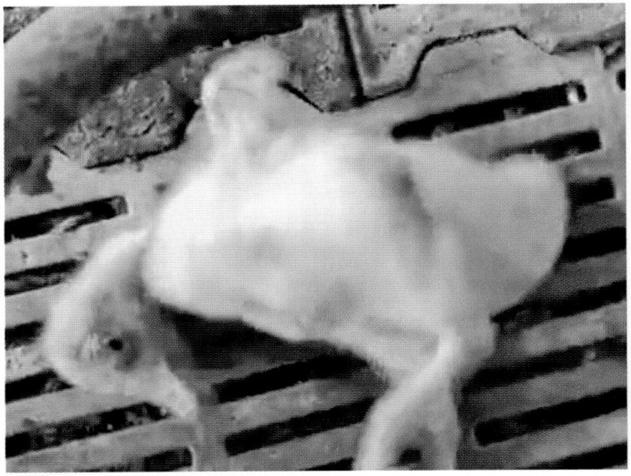

图 2-5-1 病鹅精神沉郁，运动失调，腿乱划

图 2-5-2 病鹅前仰后翻，倒地，腿乱划

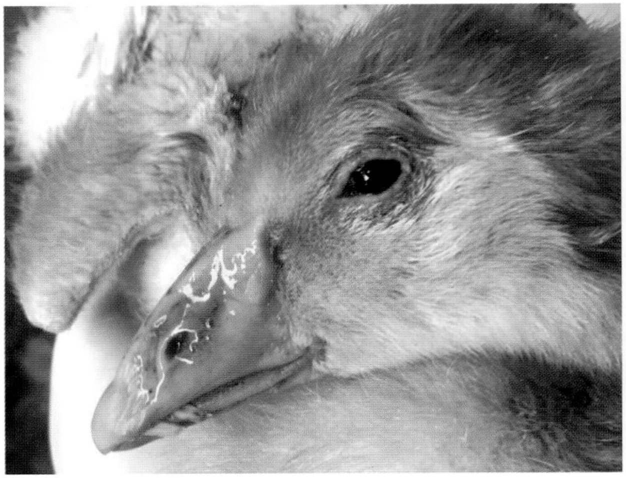

图 2-5-3 眼、鼻有分泌物

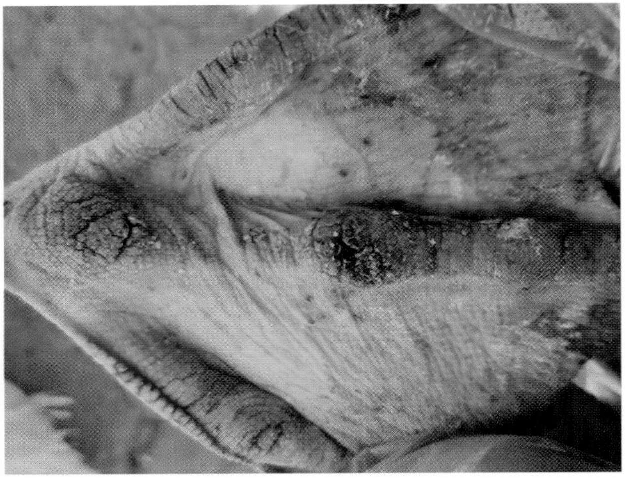

图 2-5-4 脚部皮肤伤口能促进本病发生

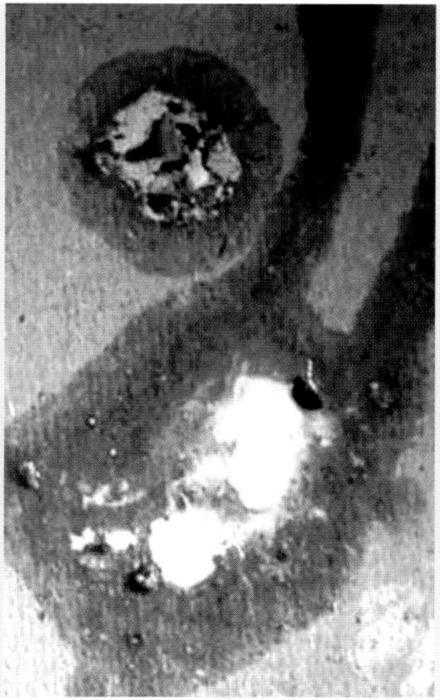

图 2-5-5 腹泻，排黄白色稀粪

图 2-5-6 病鹅斜颈，卧伏

病理变化

最明显的眼观病变是广泛的纤维素性渗出性炎症，以心包膜、肝脏表面、气囊、脑膜为多见。渗出物可部分地机化或干酪样化，即构成纤维素性心包炎、肝周炎或气囊炎。胰腺有出血斑点。肺瘀血、出血。中枢神经系统感染可出现脑膜充血、有浆液性或纤维素性渗出。肾脏肿胀、出血。有时可见脾脏肿大，表面有灰白色坏死点，呈斑驳状。少数病鹅可见有输卵管炎，输卵管膨大，内有干酪样物蓄积。慢性局灶性病例有时表现关节炎，常见一侧或两侧跗关节肿胀，触之有波动感，关节液增多，呈乳白色黏稠状。

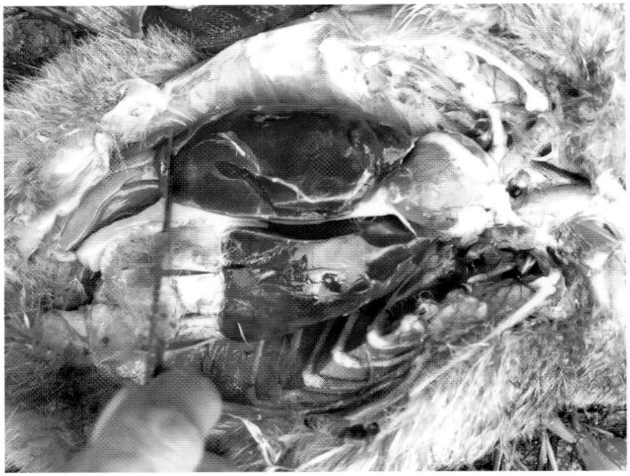

图 2-5-7 肝脏表面有纤维素性薄膜，肝脏和心脏有粘连

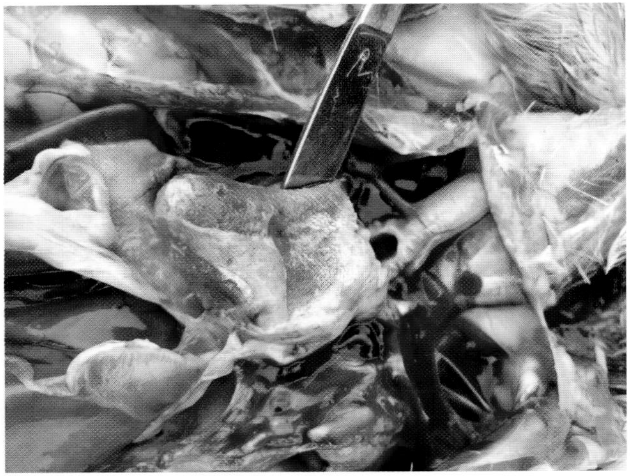

图 2-5-8 心脏表面附有纤维素性物，构成“绒毛心”

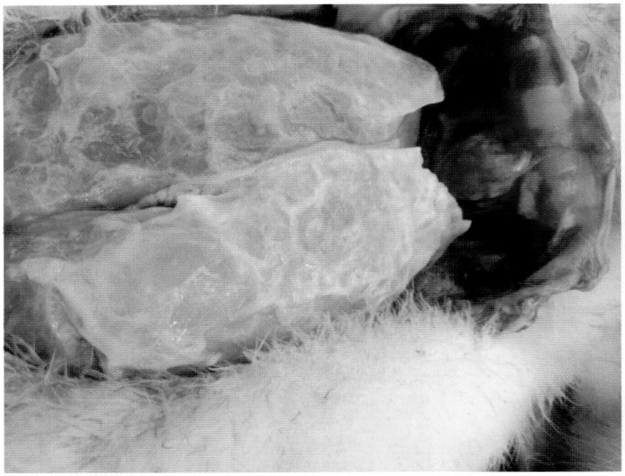

图 2-5-9 纤维素性肝周炎、心包炎

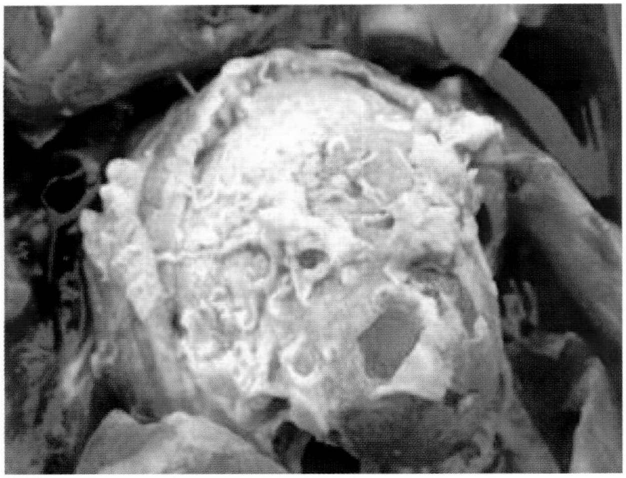

图 2-5-10 纤维素性心包炎

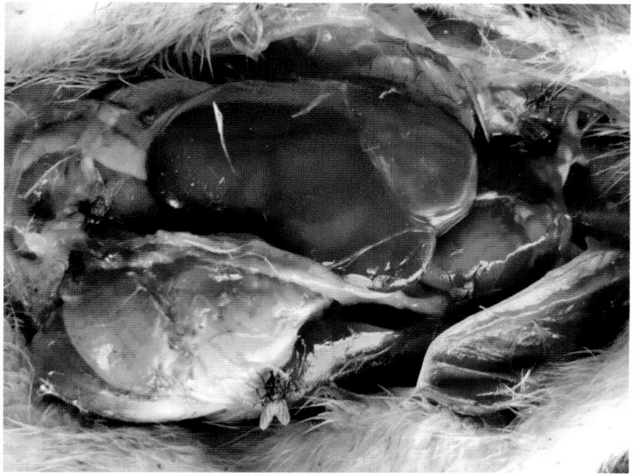

图 2-5-11　心脏心肌充血、出血

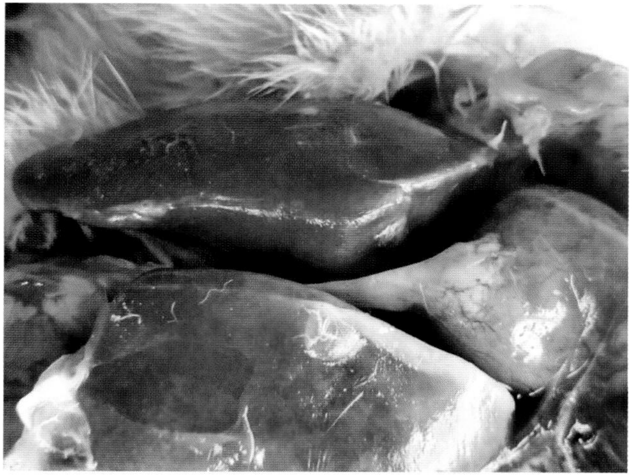

图 2-5-12　肝脏肿大、出血

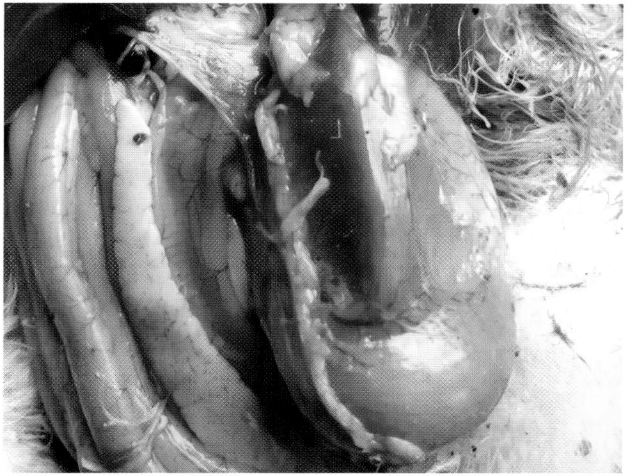

图 2-5-13　胰腺有出血斑点

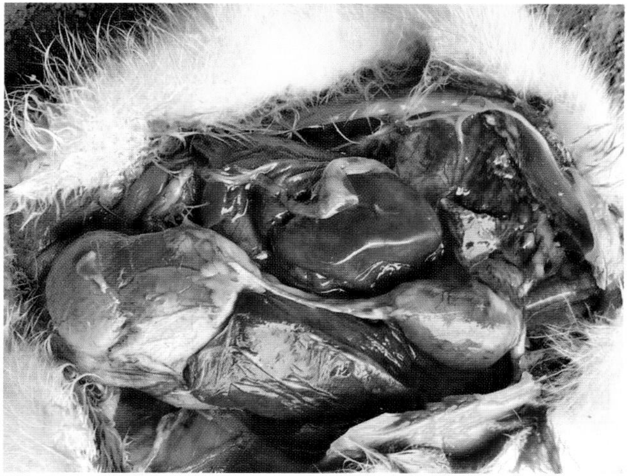

图 2-5-14　肺瘀血、出血

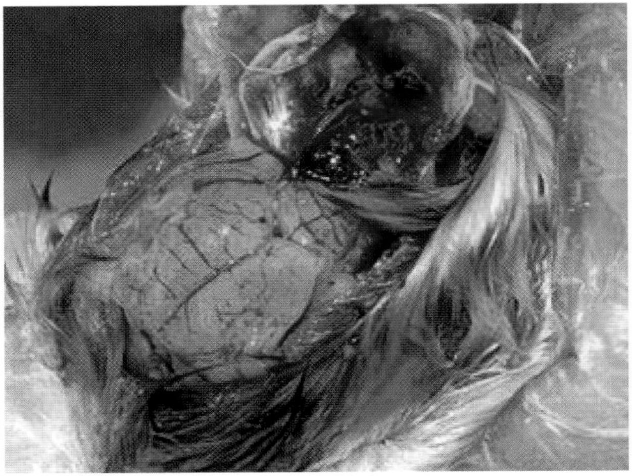
图 2-5-15 脑膜充血、出血

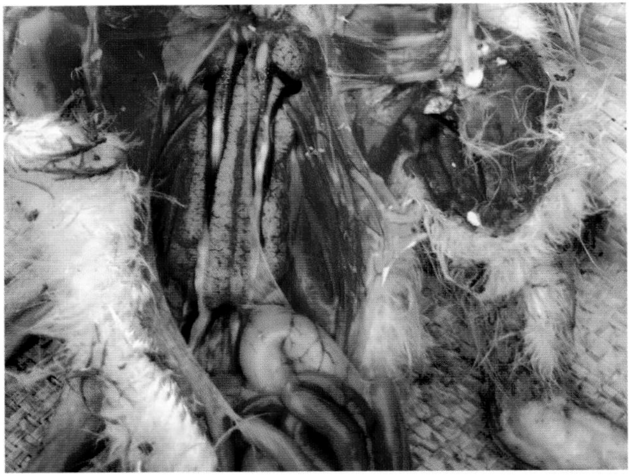
图 2-5-16 肾脏肿胀、出血

诊断要点

1）本病各日龄的鹅均可发生，2~3 周龄仔鹅严重；四季皆发，但以冬、春季严重。

2）病鹅主要表现为两腿无力，眼、鼻分泌物增多，腹泻，死前有神经症状。

3）主要病变为广泛的纤维素性渗出性炎症，常见心包炎、肝周炎、气囊炎、脑膜炎等。

4）确诊需要做实验室诊断，如病料触片用亚甲蓝或瑞氏染色可见两极浓染的小球杆菌。

防控措施

（1）综合防控措施 消除发病的诱因。避免饲养密度过大，注意通风和防寒，使用柔软干燥的垫料，并勤换垫料。实行全进全出的饲养管理制度，出栏后应彻底消毒，并空舍 2~4 周。经常发生本病的鹅场，可在本病易感日龄使用敏感药物进行预防。

（2）发病后的控制措施　药物防治是控制发病与死亡的一项重要措施，常以氟苯尼考作为首选药物，也可使用喹诺酮类、氨苄西林、庆大霉素、阿米卡星、头孢噻呋、利福平等。本菌极易产生耐药性，应通过药敏试验选择敏感药物进行治疗。

① 复方中药：茯苓 40 克、藿香 60 克、木瓜 60 克、苍耳草 50 克、车前草 50 克、黄芩 50 克、黄檗 60 克、大青叶 100 克、薄荷 100 克、金银花 50 克、黄连 30 克、丹参 20 克、茵陈 20 克、冰片 20 克。将上述各药物粉碎，加入 10 倍水，浸泡 40 分钟，煎煮 80 分钟，经过滤后浓缩至每毫升含生药 0.5~1 克，严重者按 2 毫升 / 千克体重对鹅进行灌服，全群按 100 毫升拌料 50 千克，连用 5 天。

② 庆大霉素：肌内注射时为 5~10 毫克 / 千克体重，每天 2 次，连用 5 天。如果饮水给药时，药物用量为 0.01%~0.02%，连用 5 天。

③ 阿米卡星：拌料，15 毫克 / 千克体重，每天 2 次，连用 3~5 天。

④ 头孢噻呋：1~2 毫克 / 千克体重，肌内注射给药，每天 1 次，连用 3 天。

六、鹅坏死性肠炎

简介

鹅坏死性肠炎是种鹅群的一种慢性消化道疾病，病鹅主要表现体质衰弱、食欲降低、不能站立、常突然死亡。病变特征为肠道黏膜坏死。本病在种鹅场中发生极为普遍，对水禽业影响较大。

病原

本病的病原为产气荚膜梭状芽孢杆菌，又称产气荚膜梭菌，为两头钝圆的短杆菌，革兰染色阳性。该菌在自然界中缓慢形成芽孢，呈卵圆形，位于菌体的中央或近端，在机体内常形成荚膜，没有鞭毛，不能运动。本菌兼性厌氧，最适培养基为血液琼脂平板，可形成圆形、光滑的菌落，周围有两条溶血环，内环完全溶血、外环不完全溶血。

本菌可分为A、B、C、D和E共5种血清型，引起本病的主要是A型或C型。其中C型产气荚膜梭状芽孢杆菌产生的α、β毒素和A型产气荚膜梭状芽孢杆菌产生的α毒素是引起病鹅肠黏膜坏死的直接原因。此外，该菌还可产生溶纤维蛋白酶、透明质酸酶、胶原酶和DNA酶等，也可导致组织的分解、坏死、产气、水肿及病变的扩散和全身中毒等症状。该菌芽孢抵抗力强，在90℃下作用30分钟或100℃下作用5分钟才死亡，食物中的菌株芽孢可耐煮沸1~3小时。

流行特点

本病自然感染多见于2~24周龄鹅，幼龄鹅比成年鹅更易感。健康鹅群的肠道中可分离到该菌。粪便、土壤、污染的饲料、垫料及鹅肠内容物中均含有该菌。带菌鹅和耐过鹅均为本病的重要传染源。本病主要经过消化道感染，也可能由于机体免疫机能下降导致肠道中菌群失调而发病。球虫感染及肠黏膜损伤是引起或促进本病发生的重要因素，此外，在饲养管理不良的养殖场，某些应激因素如饲料中蛋白质含量的升高、抗生素的滥用、高纤维垫料或环境中该菌含量增加等均可促进本病的发生。

临床症状

种鹅患病后，主要表现产蛋率下降，精神沉郁，不能站立，常因踩踏而受伤或羽毛脱落。食欲减退甚至废绝，排灰白色、黄绿色稀粪甚至血便，污染泄殖腔周围羽毛。病鹅常呈急性死亡。某些病例出现肢体痉挛，腿呈左右劈叉状，伴有呼吸困难等症状。病程多为 1~2 天，一般不表现出慢性经过。

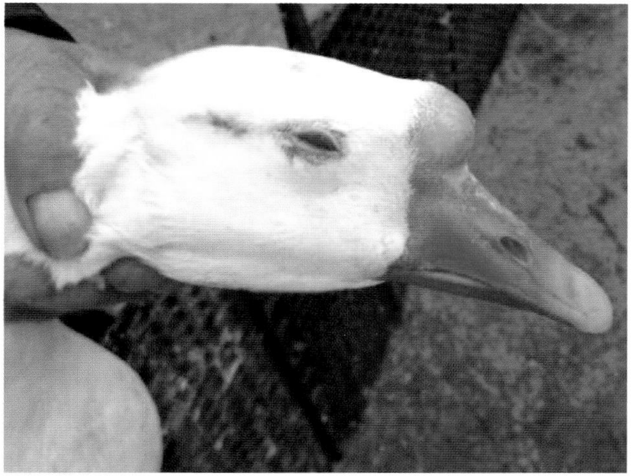

图 2-6-1　病鹅精神沉郁

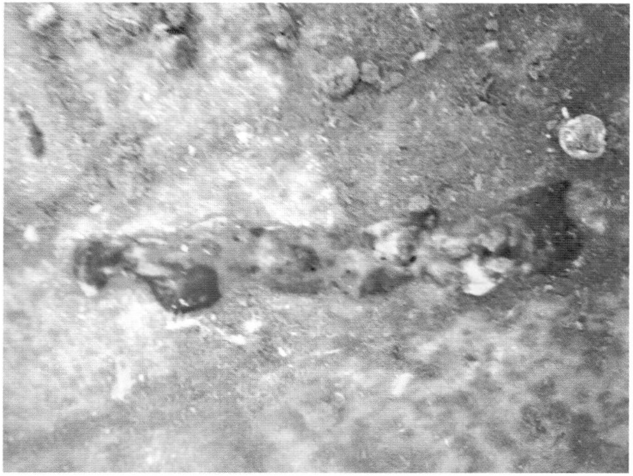

图 2-6-2　病鹅腹泻，粪便呈灰白色

病理变化

病变主要在小肠后段，尤其是回肠和空肠部分。肠道扩张、肠壁变薄、肠腔内充满气体；肠黏膜出血、坏死，严重者可见整个空肠和回肠充满血样液体，肠壁有散在的枣核状溃疡。病程后期肠内充满恶臭气体，空肠和回肠黏膜增厚，表面覆有一层黄绿色或灰白色纤维素性假膜。有时可见空肠和回肠增粗、呈黑色，肠黏膜坏死。

少数病鹅喉头出血，气管内有黏液。母鹅输卵管中有干酪样物质。肝脏肿大、呈土黄色，表面有大小不一的黄白色坏死灶，甚至大片的黄白色坏死区。脾脏充血、出血、肿大、呈紫黑色，表面常有出血斑。有的病鹅小肠黏膜增厚，表面覆有一层灰红色纤维素性假膜。

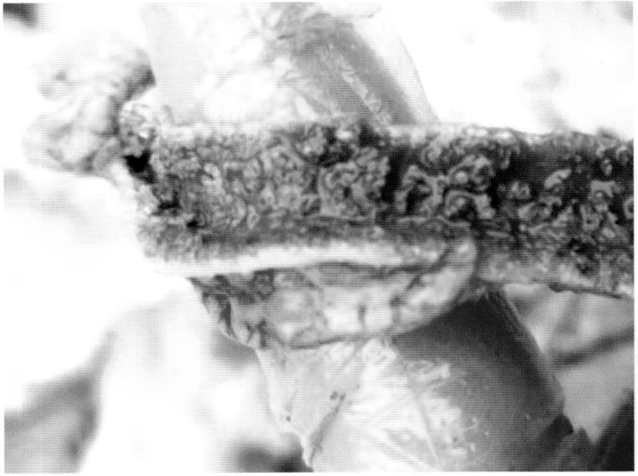

图 2-6-3 空肠肠黏膜坏死

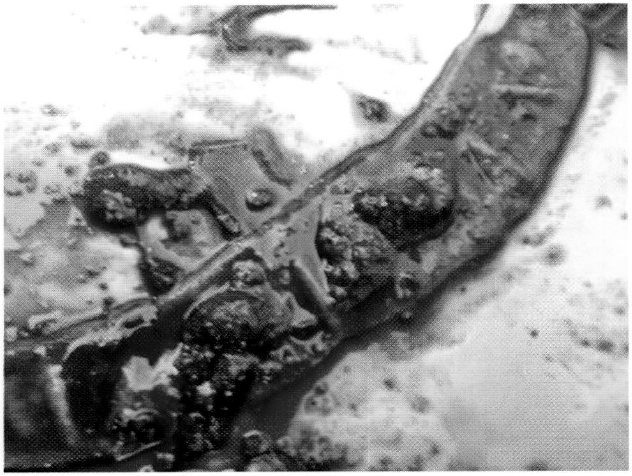

图 2-6-4 空肠扩张，肠腔充满血样液体

图 2-6-5 小肠黏膜增厚，表面覆有一层灰红色纤维素性假膜

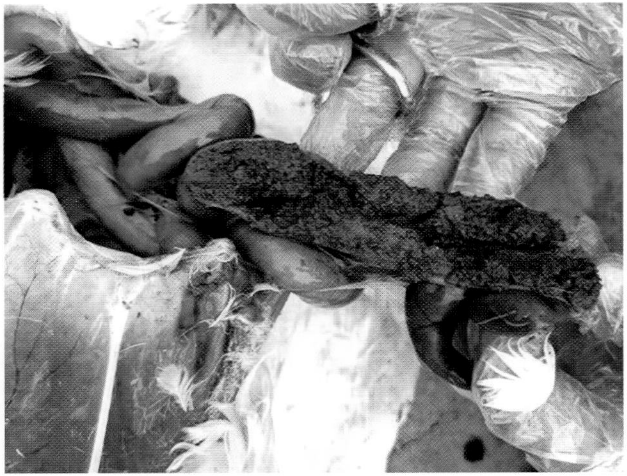

图 2-6-6 小肠增粗、呈黑色，肠黏膜坏死

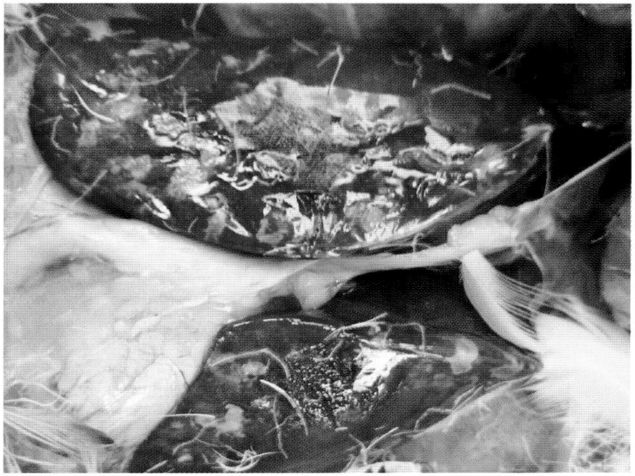

图 2-6-7 肝表面有大小不一的黄白色坏死灶

图 2-6-8 肝脏肿大，有大片的黄白色坏死区

图 2-6-9 脾脏肿大、出血

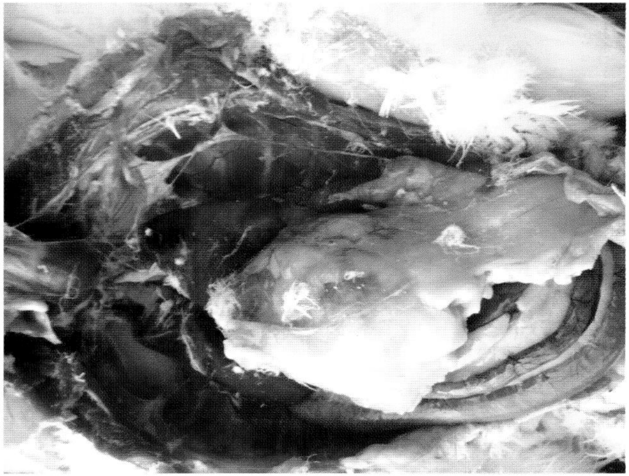

图 2-6-10 腹部脂肪未见明显出血

诊断要点

1）本病自然发病常见于种鹅，饲养管理不当会促进本病的发生。

2）病鹅多呈急性经过，主要表现食欲减退甚至废绝，排灰白色、黄绿色稀粪甚至血便，并伴有呼吸困难等症状。

3）主要病变在小肠后段，尤其空肠、回肠部分，肠道扩张，肠黏膜出血，肠腔充满气体和血样液体。

4）确诊需要做实验室诊断。

防控措施

（1）综合防控措施 由于产气荚膜梭状芽孢杆菌为条件性致病菌，因此，预防本病的最重要措施是加强饲养管理，改善鹅舍卫生条件，严格消毒，尤其多雨和湿热季节应适当增加消毒次数。避免拥挤、过热、过食等不良因素刺激，有效控制球虫病的发生。此外，还可使用酶制剂和微生态制剂预防本病。

（2）发病后的控制措施 发现病鹅后应立即隔离饲养。适当调节日粮中蛋白质含量，并避免使用劣质的骨粉、鱼粉等。治疗应通过药敏试验选择敏感药物，同时注意及时补充盐分及电解质等。

① 庆大霉素：肌内注射时为 5~10 毫克 / 千克体重，每天 2 次，连用 5 天。如果饮水给药时，药物用量为 0.01%~0.02%，连用 5 天。

② 阿莫西林：饮水给药，每克兑水 10~20 千克，供鹅自由饮用，连用 3 天。

③ 林可霉素：30 毫克 / 千克体重，每天 3 次，拌料，拌匀后投喂，连用 3~5 天。

七、鹅曲霉菌病

简介

鹅曲霉菌病主要是由烟曲霉菌和黄曲霉菌等曲霉菌引起的一种真菌性呼吸道传染病，本病的典型特征为病鹅气喘、咳嗽，肺、气囊、胸腹腔浆膜表面形成曲霉菌性结节或霉斑。幼鹅多发且呈急性群发，发病率和死亡率都很高，成年鹅多为散发。

病原

本病的主要病原为曲霉菌属中的烟曲霉、黄曲霉、黑曲霉、构巢曲霉、土曲霉等，曲霉菌能形成许多分化孢子，孢子广泛分布于自然界，如土壤、饲料、谷物、养鹅环境、动物体表等都可存在。霉菌孢子还可借助于空气流动散播到较远的地方，在适宜的环境条件下，可大量生长繁殖，污染环境，引起传染。

曲霉菌为需氧菌，在室温和 37~45°C 均能生长。烟曲霉在固体培养基中，初期形成白色绒毛状菌落，经 24~30 小时后开始形成孢子，菌落呈面粉状、浅灰色、深绿色、黑蓝色，而菌落周边仍呈白色。曲霉菌能产生毒素，可使动物痉挛、麻痹、致死和组织坏死等。

曲霉菌的孢子对外界环境的抵抗力很强，在干热 120℃、煮沸 5 分钟才能杀死。一般消毒药物如 2.5% 福尔马林、3% 苯酚等需经 1~3 小时才能灭活。

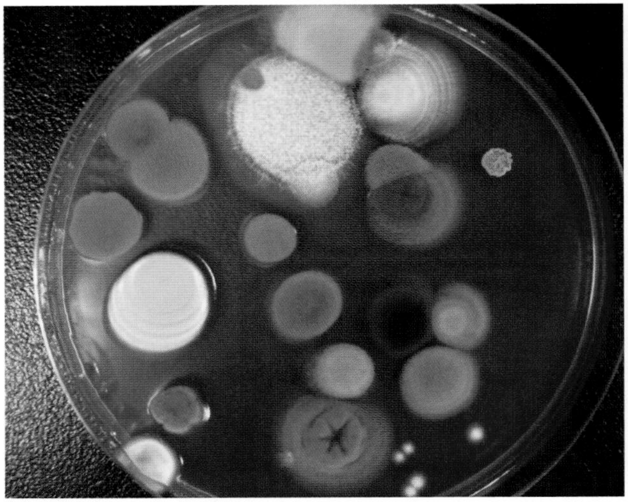

图 2-7-1 霉菌的绒毛状菌落

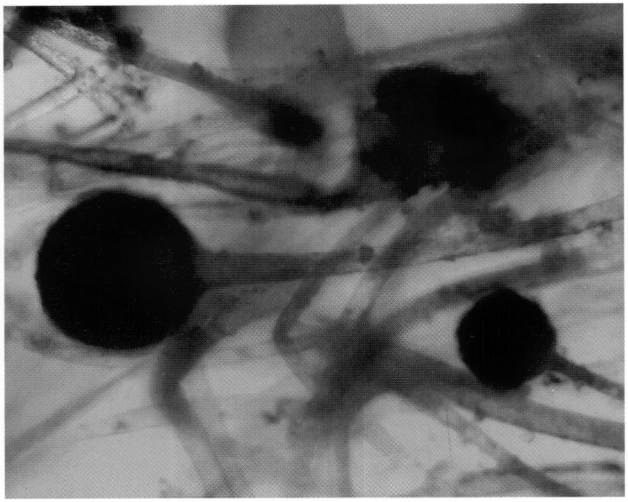

图 2-7-2 曲霉菌菌丝和顶囊

流行特点

多种禽类均可感染曲霉菌病，如鸡、鸭、鹅、鸽、火鸡及多种鸟类均有易感性。以幼鹅易感性最高，尤其是 1~20 日龄雏鹅最易感，4~12 日龄是流行高峰期，常呈急性暴发和群发，成年鹅多为散发。

本病的主要传播媒介是被曲霉菌污染的垫料和发霉的饲料。主要的传播途径是经呼吸道感染；也可因接触污染的垫料和吞食发霉变质的饲料经消化道、眼结膜、伤口感染；此外，孵化环境受到严重污染时，霉菌孢子透过蛋壳也可引起胚胎感染。

本病在温暖、多雨、潮湿的季节多发。此外，孵化室卫生不良、种蛋消毒不严、育雏室通风不良、阴暗潮湿、雏鹅饲养密度过大等因素均可促进本病发生或加重本病病情。

临床症状

根据病程长短可将本病分为急性型和慢性型。

急性型多见于幼鹅，病鹅精神沉郁，食欲减退或废绝，饮欲增加；呼吸急促，张口伸颈呼吸，呼吸次数增加；咳嗽、流泪、流鼻液；后期常有下痢，吞咽困难，最终因麻痹死亡。病程一般为 1 周左右，死亡率可达 50%。

日龄较大的鹅常发生霉菌性眼炎，表现结膜充血，眼睑肿胀粘连，结内有干酪样物，严重者失明。

图 2-7-3 病鹅精神沉郁，聚堆

图 2-7-4 病鹅张口伸颈呼吸

病理变化

本病病理变化主要在肺和气囊，可见肺和气囊表面或内部有灰黄色至灰白色粟粒样或珍珠状霉菌性结节，有时结节黏合成斑块，结节质地较硬，切开后可见中心为干酪样坏死组织，外层为类似肉芽组织的炎性反应层。随着病程的发展，气囊壁明显增厚，干酪样斑块增多、增大，有的融合在一起。严重病例可在气囊壁上形成灰绿色霉菌斑。有时在腹腔、浆膜、肝脏或其他脏器浆膜表面也有结节或圆形灰绿色霉菌斑块。

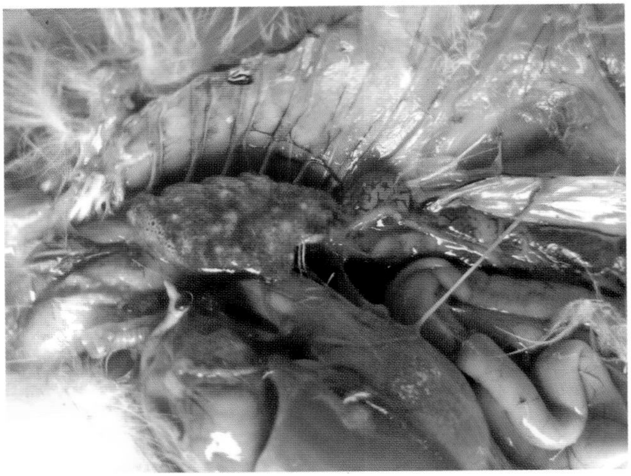

图 2-7-5 肺表面有霉菌性结节，胸壁出血

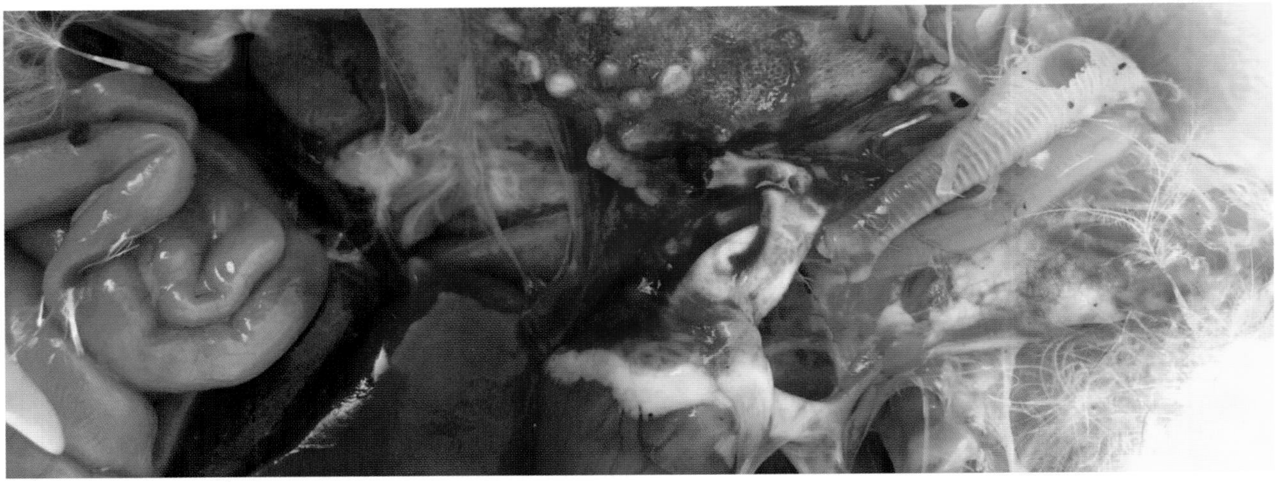

图 2-7-6 肺表面有霉菌性结节，心冠脂肪出血

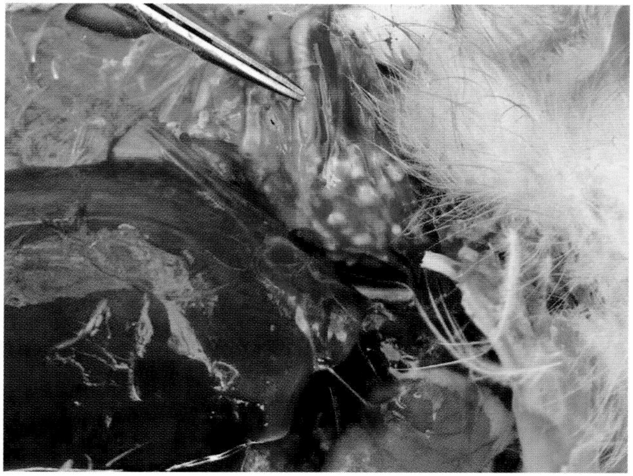

图 2-7-7 肺表面有霉菌性结节

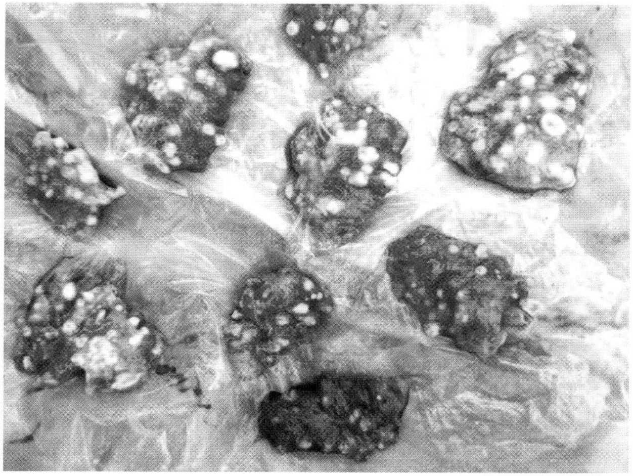

图 2-7-8 死亡小鹅，肺均有霉菌性结节

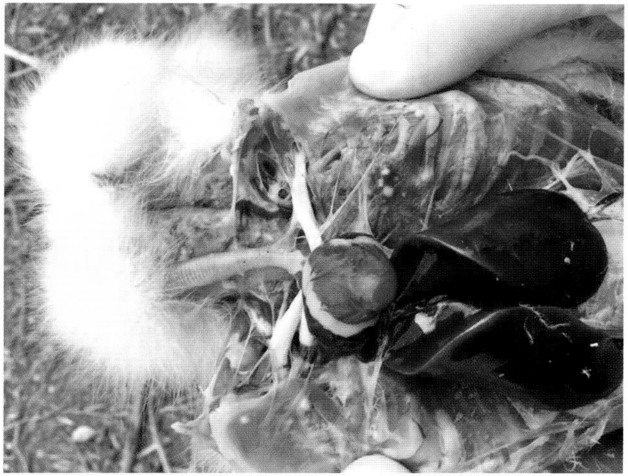

图 2-7-9 气管病变不显著

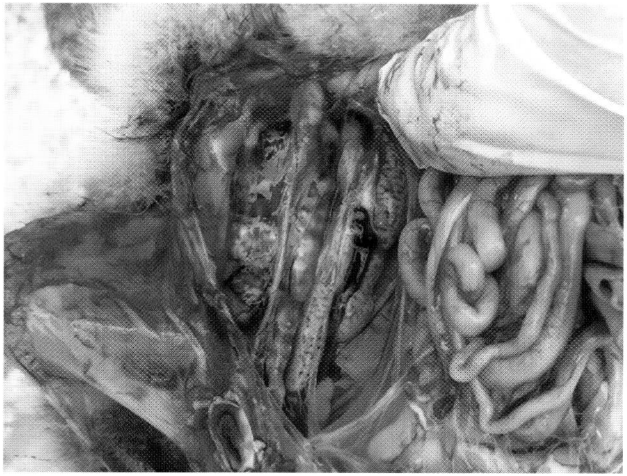

图 2-7-10 肾脏有霉菌性结节，有灰绿色霉菌斑

诊断要点

1）本病以幼龄鹅发病严重，多有垫料或饲料霉变的病史。

2）病鹅多呈急性经过，表现呼吸急促、张口呼吸，流泪、流鼻液，腹泻等症状。

3）主要病变为肺与气囊有灰黄色至灰白色霉菌结节，甚至霉菌斑。

4）确诊需要做实验室诊断，如取霉菌结节压片，观察有无分隔菌丝。

图 2-7-11 保持鹅舍通风良好，防止饲料和垫料发霉

防控措施

（1）综合防控措施 加强饲养管理，改善卫生条件，防止玉米、豆粕等饲料原料及垫料发霉，使用无霉菌污染的饲料，避免鹅类接触发霉堆放物，改善鹅舍通风和控制湿度，减少空气中霉菌孢子的含量。

（2）发病后的控制措施 发生本病后，可选用下列药物进行治疗。

① 制霉菌素：每只每天用 3~5 毫克拌料喂服，病重时可适当增加药量，每天 2 次，连用 2~3 天。

② 硫酸铜：按 1∶3000 倍稀释，进行全群饮水，连用 3 天，可在一定程度上控制本病的发生和发展。

③ 5% 恩诺沙星溶液：混饮，1~1.5 毫升 / 升水，连用 3 天，以防继发感染。

图 2-7-12 放牧时，避免鹅类接触发霉的堆放物

八、鹅念珠菌病

简介

鹅念珠菌病又称霉菌性口炎、白色念珠菌病，俗称鹅口疮，是由白色念珠菌引起上消化道病变的一种真菌性传染病，特征是上消化道如口腔、食道、嗉囊等部黏膜发生白色的假膜和溃疡。

病原

本病病原为半知菌纲念珠菌属中的白色念珠菌，菌体小而呈椭圆形，能够发芽、伸长并形成假菌丝，革兰染色阳性。本菌在自然界广泛存在，在健康的畜禽及人的口腔、上呼吸道和肠道等处寄居。本菌为兼性厌氧菌，在沙堡弱氏培养基上经 37ºC 培养 1~2 天，形成 2~3 毫米大小、奶油色、凸起的圆形菌落。菌落表面湿润、光滑闪光、边缘整齐、不透明，较黏稠略带酒酿味。

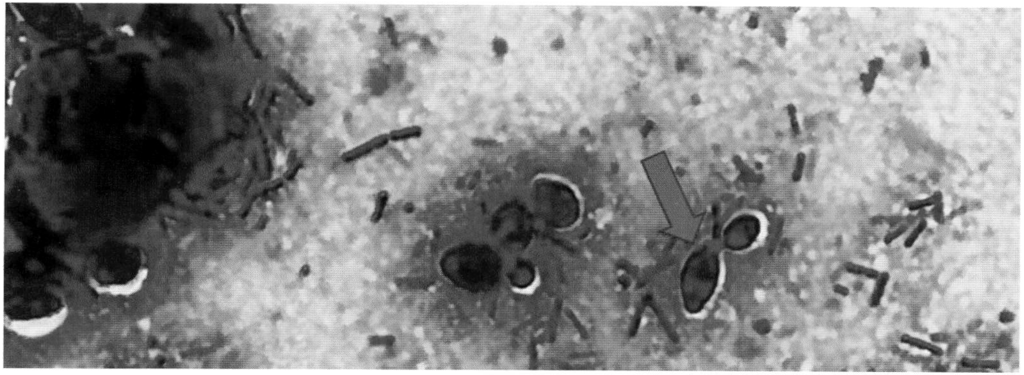

图 2-8-1　病料触片，白色念珠菌（箭头所指）

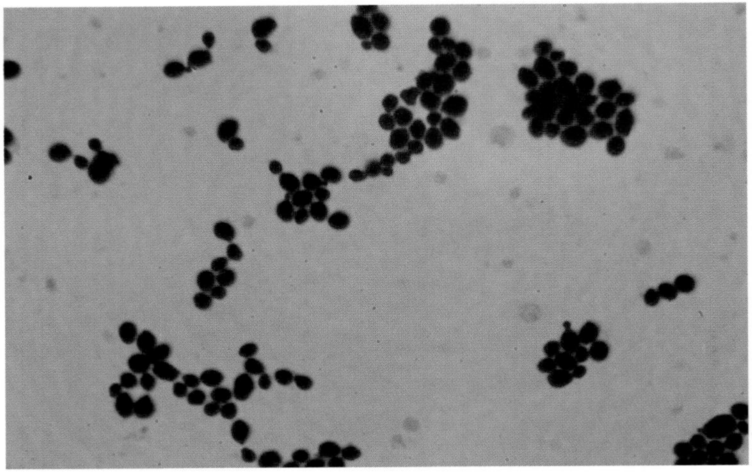

图 2-8-2 菌落涂片，白色念珠菌

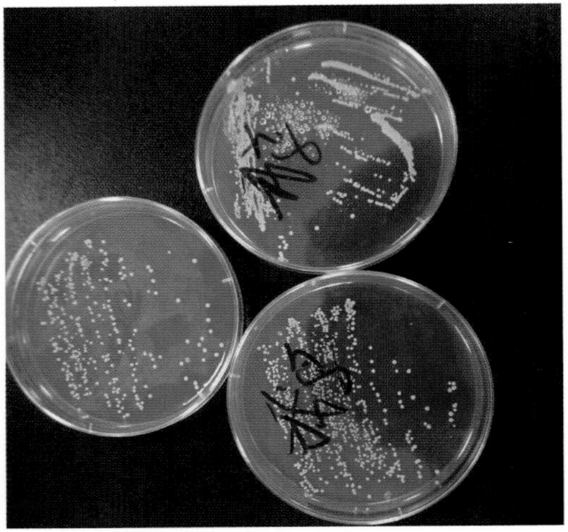

图 2-8-3 白色念珠菌菌落

该菌对外界环境及消毒药有很强的抵抗力。

流行特点

本病可发生于多种禽类，如鸡、火鸡、鸽、鸭、鹅等均可感染，以幼龄禽多发，成年禽也有发生。多发生在夏、秋炎热多雨季节。病禽和带菌禽是主要传染源，病菌通过分泌物、排泄物污染饲料、饮水经消化道感染。营养缺乏、长期应用广谱抗生素或皮质类固醇、饲养管理卫生条件不好，以及其他疾病使机体抵抗力降低，都可因内源性感染而导致本病的发生。

临床症状

病鹅主要表现精神沉郁，食量减少或停食，羽毛粗乱，生长发育不良；消化障碍，食道膨大部扩张下垂，挤压时有痛感，并有酸臭气体或液体自口中排出；气喘、呼吸困难，叫声嘶哑。有时病鹅下痢，粪便呈灰白色。一般 1 周左右逐渐瘦弱死亡。

图 2-8-4　病鹅主要表现精神沉郁，食量减少

病理变化

病理变化主要集中在上消化道，可见喙缘结痂，口腔、咽、食道黏膜表面有乳白色或黄色斑点，病程长的融合成斑块状或团块状的灰白色假膜，用力撕脱后可见红色的溃疡出血面。少数病鹅胃黏膜肿胀、出血和溃疡，腺胃黏膜有灰白色假膜覆盖。颈胸部皮下形成肉芽肿。

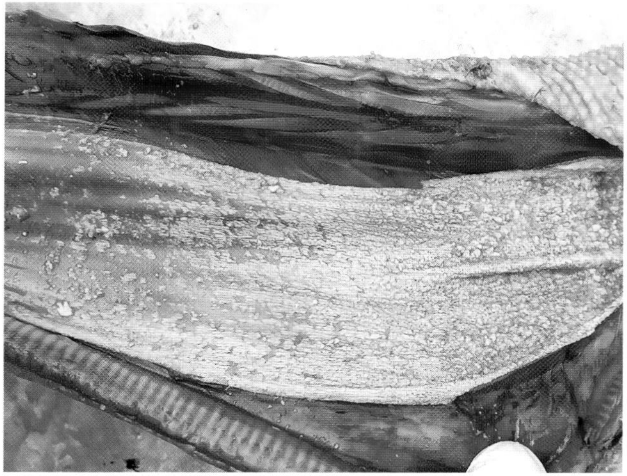

图 2-8-5　食道黏膜有灰白色假膜，颈部肌肉出血

图 2-8-6　腺胃黏膜被灰白色假膜覆盖

诊断要点

1）本病以幼龄鹅多发，多发生在夏、秋炎热多雨季节。

2）病鹅主要表现消化障碍，食道膨大部扩张下垂，挤压时有痛感，并有酸臭气体或液体流出。

3）主要病变为上消化道如口腔、食道、嗉囊等部黏膜发生白色的假膜和溃疡。

4）确诊需要做实验室诊断，如刮取口腔、食道黏膜渗出物涂片，用显微镜观察菌体。

防控措施

（1）综合防控措施 加强饲养管理，改善卫生条件，防止饲料和垫料发霉，减少应激，室内应干燥通风，防止拥挤、潮湿。种蛋表面可能带菌，在孵化前要严格消毒。

（2）发病后的控制措施 发生本病后，可选用下列药物进行治疗。

① 制霉菌素：5000 国际单位 / 只，饮水，每天 2 次，连用 3 天；或按 150 万国际单位 / 千克饲料加制霉菌素，连用 3 天。

② 硫酸铜：按 1∶3000 倍稀释，进行全群饮水，连用 3 天，可在一定程度上控制本病的发生和发展。

③ 个别治疗，可将鹅口腔假膜刮去，涂碘甘油。嗉囊中可以灌入 2~5 毫升 2% 硼酸水。

九、鹅传染性鼻窦炎

简介

鹅传染性鼻窦炎又称为鹅支原体病、鹅慢性呼吸道病，是由支原体引起的以慢性呼吸道病为特征的疾病。本病的主要特征是病鹅出现不同程度的鼻窦炎或窦炎，传染迅速，发病率很高，死亡率不定。

病原

本病病原为支原体，其中对鹅具有致病性的为鸡毒支原体和滑液囊支原体，以鸡毒支原体的危害最为严重。鸡毒支原体呈小球杆状，革兰染色弱阴性，需氧或兼性厌氧，对营养要求高，生长缓慢。本菌对外界抵抗力不强，一般消毒剂能迅速将其杀死。

流行特点

本病可发生于各日龄的鹅，以 2~4 周龄雏鹅最易感，成年鹅较少发病。病原可通过空气、飞沫和尘埃等途径经呼吸道传播，尤其当机体的抵抗力较弱，在水质较差的池塘游牧时，微生物很容易侵入鼻窦而引起发炎。本病于秋末冬初开始至整个春季均有发生。有时和败血志贺氏菌混合感染，死亡率高。

当饲养管理不善、鹅受寒、鹅舍潮湿及鹅群密度过大时，可促进病情的发展。一般情况下，个别鹅群的发病率可达 90%，但死亡率较低。

临床症状

2~4 周龄雏鹅最易发病，而且症状表现较重，随着鹅年龄的增长，症状减轻，仅仅出现轻微的鼻窦炎症状。

本病一般呈慢性经过，病鹅食欲减退，精神不振，不喜欢活动。病初鼻孔排出浆液性分泌物，随着病程的发展，逐渐变为黏液性，鼻孔周围黏满尘土及污物，呼吸困难，张口伸颈呼吸，有时发出“嘎嘎”声，咳嗽。有些病例一侧或两侧眶下窦隆起，出现角膜炎，严重者失明。多数病鹅耐过，少数因过度虚弱而窒息死亡。耐过鹅发育受阻，体重减轻，隆起的窦部长期不消。蛋（种）鹅感染后多表现产蛋率和孵化率降低，孵出弱雏增多。

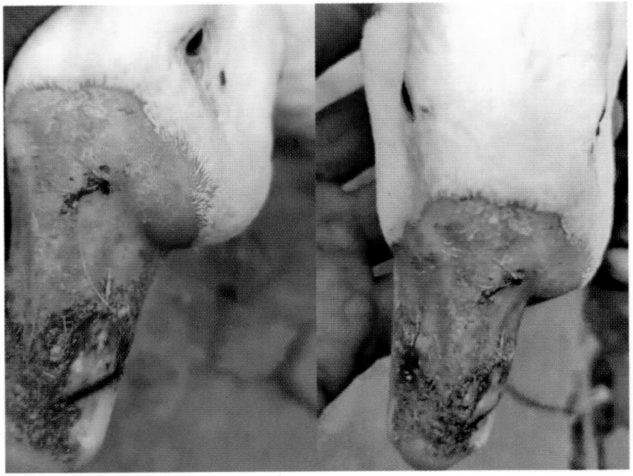

图 2-9-1 病鹅眶下窦隆起

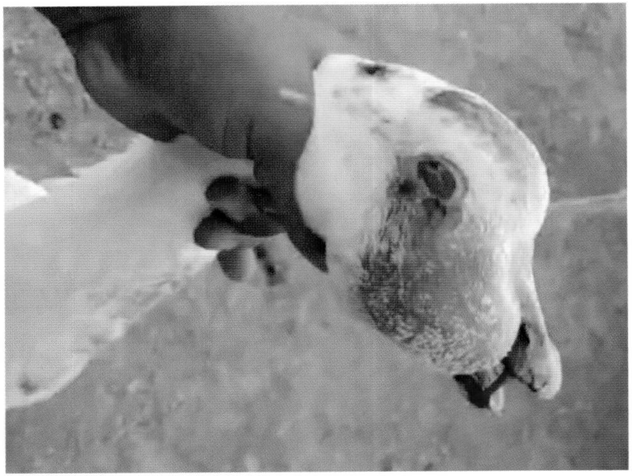

图 2-9-2 病鹅眶下窦隆起，鼻孔有红色液体流出

病理变化

剖检可见上呼吸道黏膜充血，鼻腔、眶下窦（即上颌窦）、气管、支气管内有黄色浓稠黏性分泌物，并常混有凝乳状物。有的气囊壁增厚、混浊，严重的气囊表面有黄白色大小不一的干酪样渗出物。

图 2-9-3 眶下窦有凝乳状物

诊断要点

1）本病以 2~4 周龄幼龄鹅多发，于秋末冬初开始至整个春季均有发生。

2）病鹅主要表现呼吸困难，鼻、眼有黏液等鼻窦炎症状。

3）主要病变为呼吸道内有黏性分泌物甚至干酪样物。

4）确诊需要做实验室诊断。

防控措施

（1）综合防控措施　平时加强管理，提高雏鹅的抵抗力。可在雏鹅饲料中加入高质量的微生态制剂及多种维生素，增强其体质。建立鹅病防疫的生物安全措施，注意做好育雏室的保温工作和卫生清洁工作，健全消毒制度，控制适当的饲养密度等。

（2）发病后的控制措施　对于发病鹅群可选择药物治疗，为防止耐药性产生，最好选择 2~3 种药物联合或交替使用。

① 联合给药：按每千克体重计算，20% 的恩诺沙星 0.08 毫升、林可霉素粉剂 0.4 克、黄芪多糖注射液 1 毫升，三者混合后肌内注射 1 次，重症鹅可在第 1 次肌内注射 48 小时后再注射 1 次。

② 5% 的泰乐菌素 100 克，按兑水 150 千克计算，全天饮水量集中 3~4 小时饮完，连用 3 天。

③ 大观霉素 50 克与林可霉素 25 克，拌料 160~200 千克，供 500~800 千克体重鹅 1 天的用量，连用 2 天。

第三章 寄生虫病

一、鹅球虫病

简介

鹅球虫病是由一种或多种球虫寄生于鹅肠黏膜上皮细胞而引起的一种急性流行性原虫病。主要发生于幼鹅，日龄越小死亡率越高，耐过鹅常发育不良、生长受阻，对养鹅业造成很大威胁。

病原

已报道的鹅球虫共有 16 种，绝大多数为艾美耳球虫，寄生于鹅肾脏的截形艾美耳球虫致病力最强，死亡率较高。其余多数艾美耳球虫都侵害肠道，尤其是空肠以下肠段出血严重。国内暴发的鹅球虫病主要是肠道球虫病，多以鹅艾美耳球虫为主，由数种肠球虫混合感染。通过粪便排出的球虫卵囊可污染环境。

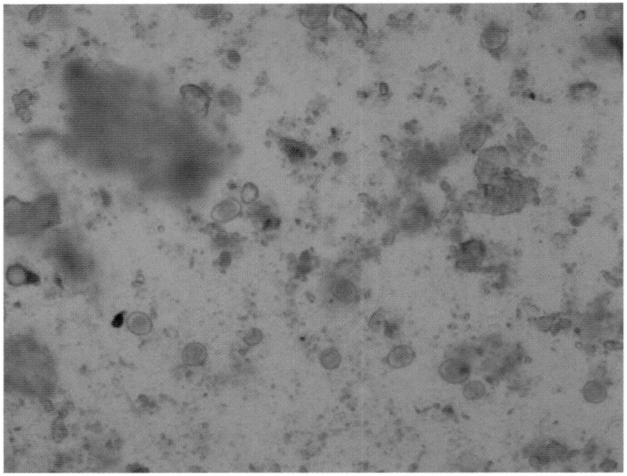

图 3-1-1 粪便中的球虫卵囊

流行特点

易感鹅主要是通过采食含感染性卵囊的垫料、饲料和水而被感染。各种年龄的鹅都可感染球虫病，通常日龄小的发病严重、死亡率高，成年鹅多为隐形带虫者。本病的发生与季节有一定关系，大多数发生在 5~8 月温暖潮湿的多雨季节。

临床症状

（1）**肾型球虫病**　病鹅食欲减退，精神沉郁，翅下垂，腹泻、粪便中白色尿酸盐增多，水样稀粪，混有血液及褐色的凝血块。

（2）**肠型球虫病**　感染鹅症状与肾型球虫病相似，但消化道症状明显，排棕色、红色或暗红色带有黏液的稀粪，有的病鹅粪便全为血凝块，严重者发生死亡。耐过的鹅生长和增重均迟缓。

图 3-1-2　病鹅精神沉郁

图 3-1-3　病鹅有时排白色稀粪

图 3-1-4　排暗红色带有黏液的稀粪

病理变化

（1）肾型球虫病 肾脏肿大，呈浅黄色和红色，表面有出血斑和针尖大小的灰白色坏死灶或条纹，含大量尿酸盐和卵囊。

（2）肠型球虫病 主要表现出血性肠炎，肠道呈严重的卡他性出血性炎症，以小肠中段和下段最为严重。肠腔内充满稀薄的红褐色液体和脱落的黏膜碎片，严重病例可见肠黏膜脱落形成“腊肠样”肠芯。有的病鹅胰腺苍白，贫血。

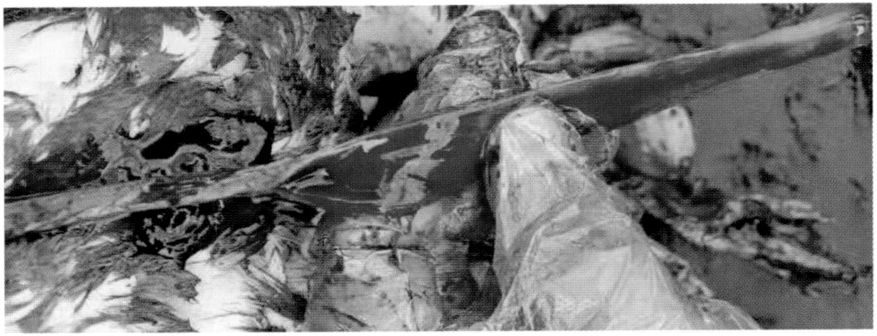

图 3-1-5 小肠出血性肠炎，肠腔内有红褐色液体

图 3-1-6 小肠黏膜有出血，肠腔内有血凝块

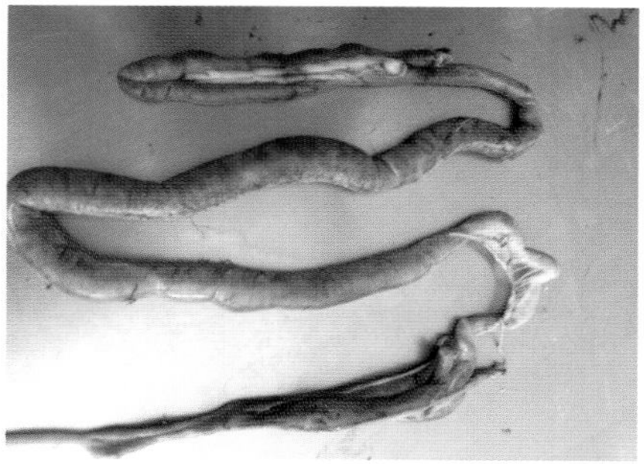

图 3-1-7 球虫寄生肠段增粗，表面出血

图 3-1-8 胰腺苍白，贫血

诊断要点

（1）肾型球虫病 腹泻，粪便含尿酸盐，肾脏肿大，有出血斑或坏死灶。

（2）肠型球虫病 粪便带血，肠道出血，形成肠芯。

防控措施

（1）加强饲养管理及卫生消毒 成年鹅和雏鹅分开饲养，保持圈舍清洁卫生，及时通风，加强鹅饮用水管理，尽可能减少粪便对饮用水的污染。严格做好消毒，球虫病流行期间，增加消毒次数。

（2）药物防治 治疗鹅球虫病主要用磺胺类药物，可选用磺胺间甲氧嘧啶、复方磺胺间甲氧嘧啶等，其他药物如氨丙啉、地克珠利等均有较好的疗效。

① 磺胺甲噁唑：按照 100 毫克 / 千克饲料的比例进行拌料，连用 5 天。

② 磺胺嘧啶、二甲氧嘧啶粉 100 克（含磺胺嘧啶 25 克、二甲氧嘧啶 5 克），混饲，0.1 克 / 千克体重，每天 2 次，连用 5 天。

③ 磺胺间甲氧嘧啶：按照 0.3%~0.5% 的用量拌料，连用 5 天。

④ 地克珠利溶液：以地克珠利计，混饮，0.5~1 毫克 / 千克水，连用 4 天。

二、鹅绦虫病

简介

鹅绦虫病是由一种或多种绦虫寄生于鹅肠道内而引起的鹅的寄生虫病。雏鹅和青年鹅发病较多，感染鹅主要表现贫血、下痢、消瘦、产蛋率下降。

病原

寄生于鹅体内的绦虫有多种，如矛形剑带绦虫、片形皱褶绦虫、细膜壳绦虫、巨头膜壳绦虫等，其中以矛形剑带绦虫最常见，分布最广，危害最大。绦虫呈带状、扁平，体常分节。矛形剑带绦虫寄生于鹅小肠内，成虫呈白色矛形带状，分头、颈和体 3 部分。

流行特点

矛形剑带绦虫的成熟孕节片随粪便排出，在中间宿主体内发育为具有感染能力的似囊尾蚴，鹅摄入中间宿主而被感染。各个年龄的鹅都可感染矛形剑带绦虫，其中雏鹅易感性最强，发病率和死亡率较高。

临床症状

感染鹅羽毛蓬乱，精神萎靡，食欲不振，日渐消瘦。排灰白色或浅绿色稀薄粪便，粪便中有白色绦虫节片。病程后期病鹅拒食，生长停滞，消瘦，常离群独居，有时出现神经症状，运动失调、两腿无力、痉挛抽搐等。

病理变化

肠黏膜增厚，呈卡他性炎症，有米粒大、结节状溃疡和出血点，十二指肠和空肠可见扁平、分节的虫体，部分肠段变粗、变硬呈阻塞状态。心外膜有明显出血点或斑纹。

图 3-2-1 病鹅日渐消瘦，衰弱死亡

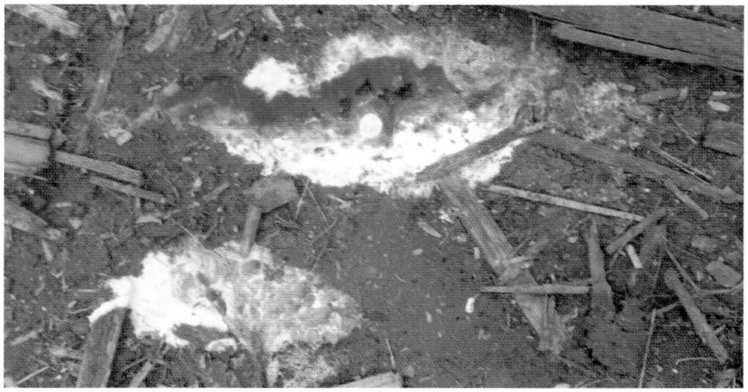
图 3-2-2 排灰白色稀薄粪便

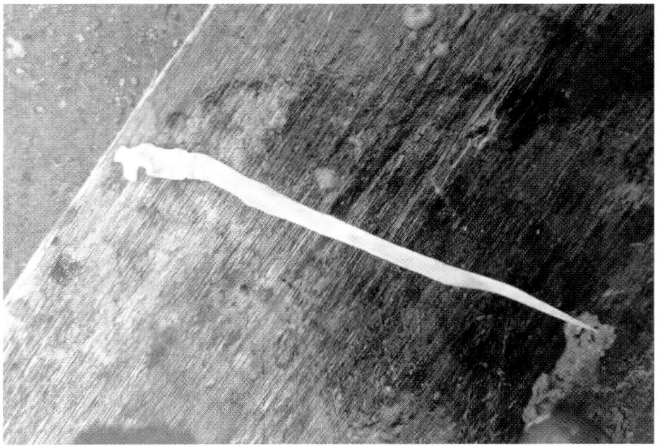
图 3-2-3 矛形剑带绦虫

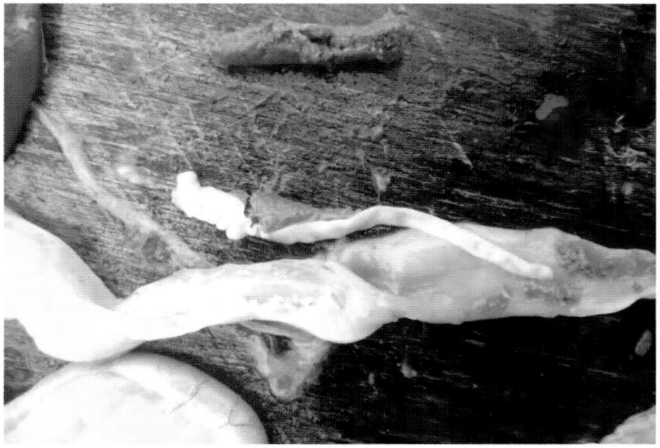
图 3-2-4 肠黏膜增厚，呈卡他性炎症

诊断要点

（1）**临床症状**　排灰白色或浅绿色稀薄粪便，粪便中有白色绦虫节片，有神经症状。

（2）**病理变化**　肠黏膜有出血和溃疡，可见扁平、分节虫体。

防控措施

（1）**加强饲养管理**　带虫成年鹅是鹅绦虫的主要传染源，通过粪便可排出大量虫卵。因此，雏鹅和成年鹅应严格分开饲养。

（2）**定期消毒**　对鹅舍内外要定期消毒，彻底清理粪便，粪便经堆积发酵，以杀死其中的虫卵。

（3）**定期驱虫**　每年的春、秋、冬3季对种鹅彻底驱虫，雏鹅应在18日龄对全群驱虫1次，有条件的应杀灭水体中的剑水蚤，消灭中间宿主。

（4）**治疗**　可选用氯硝柳胺、阿苯达唑、吡喹酮等药物进行治疗。

①氯硝柳胺：50~60毫克/千克体重，1次投服。

②阿苯达唑：10~20毫克/千克体重，1次投服，对多种绦虫有效。

③吡喹酮：10~15毫克/千克体重，1次投服。

三、鹅线虫病

1. 鹅蛔虫病

简介

鹅蛔虫病是由蛔虫寄生于鹅的小肠引起的一种消化道寄生虫病，本病可感染各个日龄的鹅，但以雏鹅表现明显，引起雏鹅生长发育迟缓、腹泻、贫血等症状，给养鹅业造成了一定经济损失。

病原

鹅蛔虫病是由于鹅吞食感染性蛔虫卵引起的，蛔虫属于禽蛔虫科禽蛔虫属。是鹅体内最大的一种线虫，虫体呈豆芽梗状、浅黄白色或乳白色，表皮有横纹，头端有唇片，雌雄异体。

虫卵为椭圆形，对低温抵抗力强，而对高温、干燥、阳光直射敏感。对常用消毒剂有很强的抵抗力，在温暖潮湿的环境中发育较快。

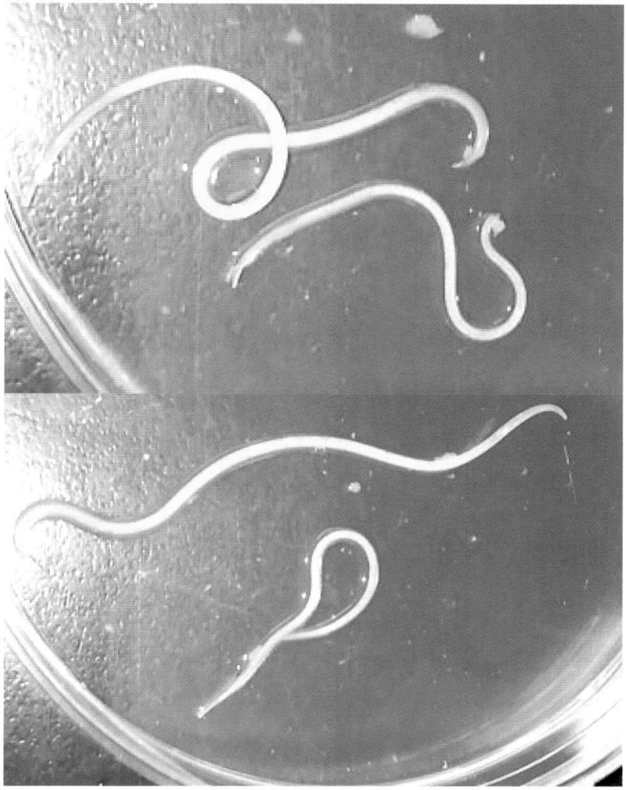

图 3-3-1 鹅蛔虫（雄虫小，雌虫大）

流行特点

鹅蛔虫病主要是由于鹅吞食了被感染性卵囊污染的饲料、饮水或啄食了携带有感染性虫卵的蚯蚓而经口感染。不同日龄的鹅都可感染，但雏鹅易感性强，且危害严重。成年鹅感染的较少，多为隐形感染。当饲料中缺乏维生素 A、维生素 B，以及环境卫生差、饲养管理不良时，鹅感染蛔虫的可能性提高。

临床症状

鹅感染蛔虫后的症状与鹅的日龄、本身营养状况及感染虫体的数量有关。雏鹅轻度感染或成年鹅感染时，不表现明显症状。患病严重者通常表现精神萎靡，行动迟缓，食欲减退，腹泻，有时粪便中混有带血黏液，逐渐消瘦，生长发育不良。

病理变化

肠道发生卡他性炎症，严重时导致出血性肠炎，如有继发感染在肠壁可见颗粒状化脓灶或结节。大量虫体聚集时，可发生肠阻塞甚至肠破裂或腹膜炎。

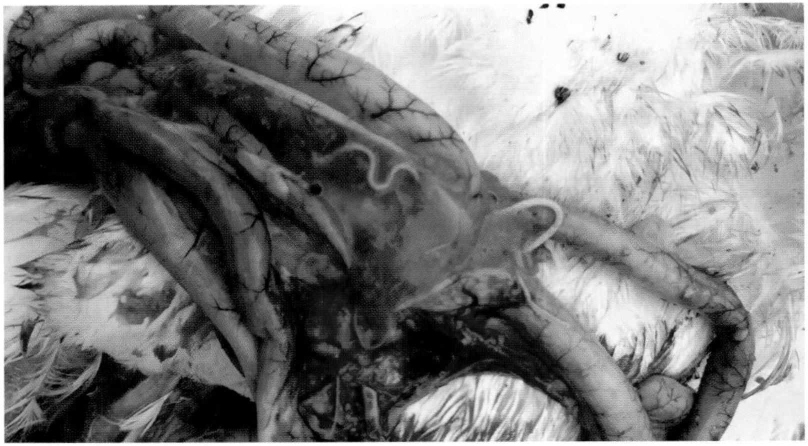

图 3-3-2 肠道卡他性炎症，肠腔内有虫体

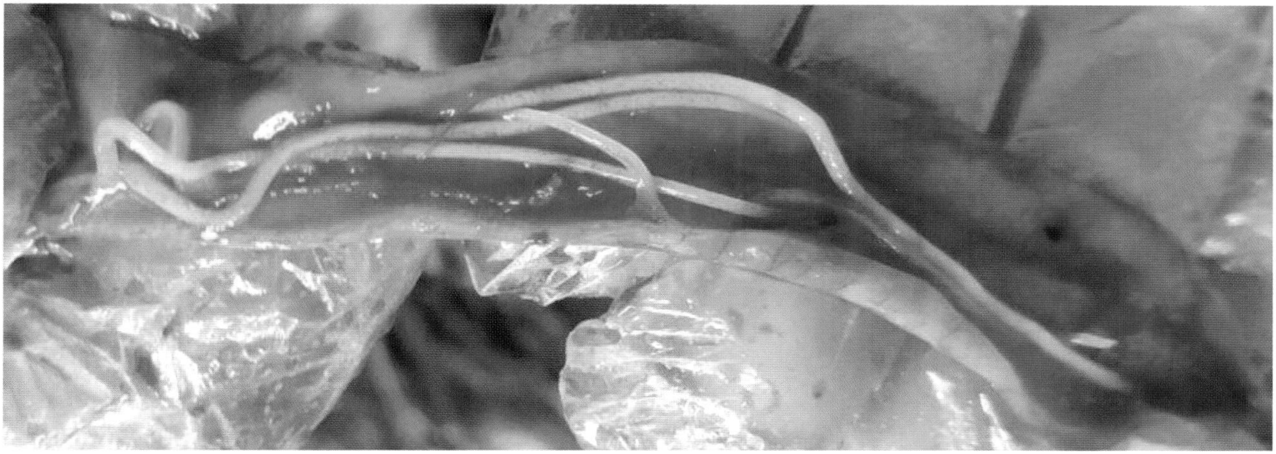

图 3-3-3　肠黏膜出血，肠腔内有虫体

诊断要点

（1）临床症状　食欲减退，腹泻，消瘦，生长发育不良。

（2）病例变化　出血性肠炎，肠壁有化脓灶或结节，肠阻塞。

防控措施

（1）加强饲养管理　饲喂全价饲料，保证饲料中有足够的维生素 A、维生素 B 和动物性蛋白质。

（2）保持鹅舍卫生、定期消毒、定期驱虫　保持舍内和运动场地的干燥，定期消毒，及时清除粪便并发酵处理，杀灭虫卵。做好鹅群的定期性预防驱虫，每年 2~3 次。

（3）治疗　鹅发病时，应及时用药治疗，可选用的药物有磷酸哌嗪片、枸橼酸哌嗪片、甲苯咪唑、盐酸左旋咪唑、阿苯达唑。

① 甲苯咪唑：30 毫克 / 千克体重，1 次喂服。
② 盐酸左旋咪唑：25 毫克 / 千克体重，1 次喂服。
③ 阿苯达唑：10~20 毫克 / 千克体重，1 次喂服。
④ 枸橼酸哌嗪片：250 毫克 / 千克体重，1 次喂服。

2. 鹅异刺线虫病

简介

鹅异刺线虫病又称鹅盲肠虫病，是由异刺线虫寄生于鹅的盲肠内引起的一种线虫病。异刺线虫成虫寄生在鹅的盲肠内，它的虫卵还可以携带组织滴虫，使鹅发生组织滴虫病。病鹅表现腹泻，精神沉郁，消瘦，贫血等。

病原

异刺线虫又称盲肠虫，属异刺科异刺属，虫体较小、呈细线状、浅黄白色，头端略向背面弯曲，食道末端有一个膨大的食道球，虫卵呈灰褐色、椭圆形，卵壳厚，内含一个胚细胞，卵的一端较明亮。

流行特点

鹅因吞食感染性虫卵而被感染，任何年龄的鹅对本病均有易感性，感染季节主要在 6~9 月。虫卵对外界环境因素的抵抗力很强，在阴暗潮湿环境中可保持活力达 10 个月。

异刺线虫还是盲肠肝炎病原体的传播者，当鹅体内同时有异刺线虫和组织滴虫寄生时，组织滴虫会进入异刺线虫虫卵内，并随虫卵排到体外，当鹅吞食这种虫卵时，会同时感染这两种寄生虫。

临床症状

雏鹅感染后表现精神萎靡，食欲减退，腹泻，消瘦，贫血，发育停滞。成年鹅患病后表现发育受阻，消瘦等。产蛋鹅会表现产蛋率急剧下降或产蛋停止。

图 3-3-4 病鹅精神萎靡，食欲减退，腹泻

病理变化

剖检可见盲肠肿大，盲肠壁增厚，有溃疡灶，严重者黏膜损伤而出血，有的盲肠壁变薄、呈透明状，从外侧甚至可见不断蠕动的虫体。

有组织滴虫混合感染时，病鹅肝脏出现数量不等、大小不一的火山口样坏死灶。

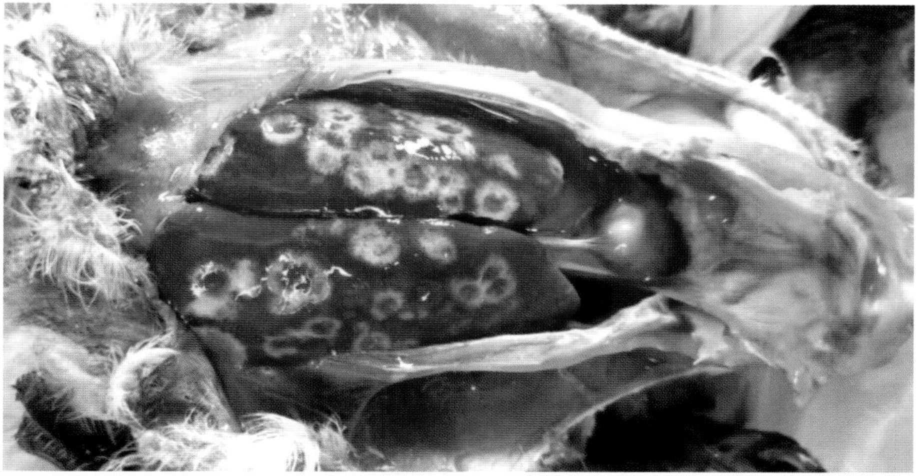

图 3-3-5 鹅有组织滴虫混合感染时，肝脏有火山口样坏死灶

诊断要点

（1）**临床症状** 腹泻，消瘦，贫血。

（2）**病理变化** 盲肠肿大、溃疡，严重者黏膜损伤而出血。

防控措施

（1）**加强饲养管理，搞好环境卫生** 将成年鹅与雏鹅分开饲养，注意鹅舍的清洁卫生、垫草及地面的卫生，定期消毒。

（2）**及时清除粪便** 及时清除鹅舍及运动场地中的粪便，进行堆积发酵。

（3）**定期驱虫** 做好鹅群的定期性驱虫，每年 2~3 次。

（4）**治疗** 鹅发病时，可选用的驱线虫药物有阿苯达唑、盐酸左旋咪唑、异丙硝唑、噻苯达唑等。

① 阿苯达唑：10~20 毫克 / 千克体重，1 次喂服。

② 盐酸左旋咪唑：25 毫克 / 千克体重，1 次喂服。

③ 异丙硝唑：按 0.025% 拌料，连用 7 天，驱组织滴虫。

④ 噻苯达唑：500 毫克 / 千克体重，1 次喂服。

四、鹅螨病

简介

鹅螨病是鹅群中常见的一种体外寄生虫病，能引起鹅奇痒、贫血、产蛋减少，对鹅危害很大，甚至死亡。

病原

（1）**鸡皮刺螨**　虫体呈长椭圆形、浅红色或棕红色，后部略宽，足很长，有吸盘。雌虫体长0.7~0.75毫米、宽0.4毫米，雄虫体长0.6毫米、宽0.32毫米。

（2）**鸡新勋恙螨**　成虫呈乳白色，体长约1毫米，幼虫较小，肉眼难以观察到，饱食后虫体呈橘黄色。

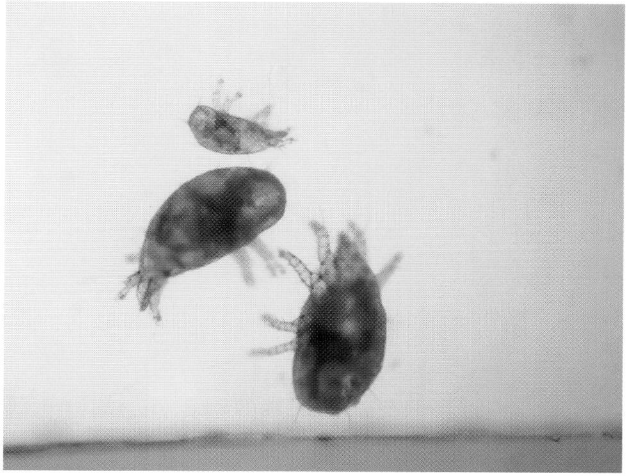

图3-4-1 鸡皮刺螨（侧面）

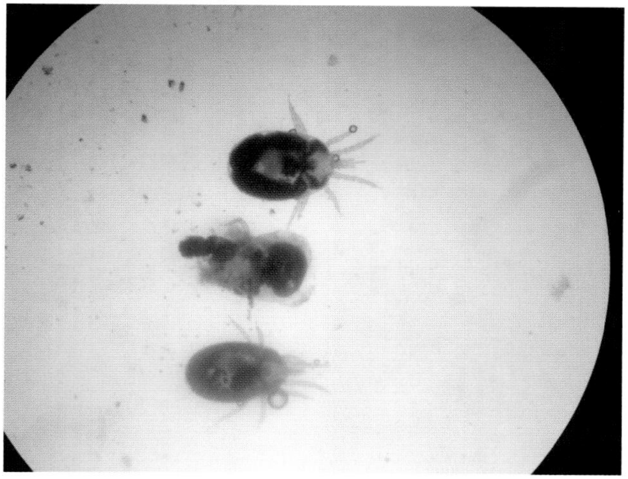

图3-4-2 吸血后的鸡皮刺螨

流行特点

鹅螨病主要发生在冬季和秋末春初，健康鹅群通过与病鹅直接接触或接触被螨及卵污染的鹅舍、用具等引起感染。此外，饲养人员的衣服或手也可传播病原。鹅体卫生差、皮肤表面湿度高、鹅舍潮湿等均适合螨的发育繁殖。

临床症状

当有大量鸡皮刺螨寄生时，鹅群逐渐衰弱，贫血，母鹅产蛋率下降，幼鹅可出现大量死亡。当有大量鸡新勋恙螨寄生时，鹅群患部奇痒，腹部和翅下有痘疹状病灶，周围隆起中间凹陷，消瘦、贫血、食欲废绝，严重者死亡。

诊断要点

（1）鸡皮刺螨　逐渐衰弱，贫血，母鹅产蛋率下降。

（2）鸡新勋恙螨　患部奇痒，有痘疹状病灶，消瘦、贫血。

防控措施

（1）预防　搞好环境卫生，及时清除粪便、垃圾等污物；鹅群饲养密度不能太大，防止过分拥挤；将健康鹅和病鹅分开饲养；引入鹅苗时，应做鹅螨病检查，确定无螨病时，再并入鹅群中。

（2）治疗

1）鸡皮刺螨：可以用拟除虫菊酯或杀灭菊酯喷洒鹅舍、鹅体和晒架，皮刺螨的栖息处如墙缝、墙角和饲槽下面等，也要用药物喷洒。

1% 马拉硫磷粉：喷洒在鹅身上或鹅舍地面、墙壁等。

2）鸡新勋恙螨：可选用 70% 酒精、0.1% 溴氰菊酯、5% 硫磺软膏、2%~5% 碘酊涂擦患部。

第四章
普通病

一、鹅痛风

简介

鹅痛风又称为尿酸盐沉积症，是由于鹅长时间摄入动物性和植物性蛋白质含量过高的饲料，使体内尿酸产生过多或者排泄障碍，导致代谢发生紊乱，血液中尿酸含量过高，形成高尿酸血症。并以尿酸盐的形式在关节囊和内脏表面沉积。临床上一般分为关节型和内脏型 2 种，以内脏型多发，关节型痛风较少见。主要特征是关节肿大，走动缓慢，跛行，排出白色稀粪。本病多发生在冬季和早春季节，不同日龄的鹅均可发病，但在雏鹅中最常见。

病因

很多因素都能导致本病的发生。

① 饲料中蛋白质含量过高，尤其是长期饲喂动物性或植物性蛋白质含量过高的饲料，如鱼粉、肉骨粉、大豆、豌豆等。

② 饲料中维生素 A 缺乏，造成肾脏机能障碍。

③ 因蛋白质饲料缺乏而添加了非蛋白氮（如尿素）替补，由于过量中毒并伴发痛风病变。

④ 肾脏功能受损，有些药物或疾病损害肾脏功能，出现尿酸排泄障碍，继发痛风。

⑤ 严重缺水、过于拥挤、潮湿、阴冷，以及阳光不足、球虫病等都可诱发痛风。

⑥ 星状病毒感染，2017 年我国部分地区开始流行。禽肾炎病毒感染也能导致鹅痛风。

临床症状

本病多呈慢性过程。由于尿酸盐在体内沉积的部位不同，可以分为 2 种病型，即内脏型痛风和关节型痛风，有时可以同时发生。

（1）内脏型痛风　该类型具有较高的发病率，有时能够蔓延至全群。发病初期，患病的雏鹅和仔鹅生长不良，仅为健康鹅体重的 1/3~1/2。发病后期，病鹅食欲不振，逐渐消瘦和衰弱，羽毛松乱，精神委顿，贫血。有时可见腹泻，排出白色、半液状稀粪，其中含有大量尿酸盐，肛门松弛，收缩无力，病死率高。羽毛粗乱无光泽，行动迟缓，不愿走动和下水，经常卧地。肛门周围羽毛常见有灰白色渣样粪便附着。母鹅产蛋减少，有时甚至发生停产。

（2）关节型痛风　病鹅行走缓慢，出现跛行，在跗关节、趾关节、肘关节等部位沉积过多的尿酸盐，导致关节发生肿胀、变形，并伴有疼痛。后期可见周围逐渐出现清晰、分界明显且质地较硬的、可移动的结节，当结节发生破裂就会有干酪样的灰黄色尿酸盐结晶流出，局部发生出血性溃疡。严重者关节变形，无法行走，往往呈独肢站立或者蹲坐的姿势。最终由于机体衰竭而死，且夜间死亡数量要比白天明显增多。

图 4-1-1　病鹅精神委顿

图 4-1-2　粪稀，含有大量尿酸盐

病理变化

（1）内脏型痛风 可见肾脏肿大、色浅或发黄，表面有白色斑点状尿酸盐沉着，呈现花斑肾；输尿管肿大，管壁变厚，管腔内含有大量的石灰样沉积物，甚至形成肾结石和引起输尿管阻塞。症状严重时，可见在心脏、肝脏、脾脏、肠系膜等内脏表面形成一层白色薄膜，广泛沉积着细粉末状或散薄片状的白色尿酸盐。

（2）关节型痛风 病鹅关节（通常是趾关节）在关节腔内有白色尿酸盐沉积，有时关节面及关节周围组织发生坏死、持续溃疡，有的关节面糜烂，有的呈结石样沉积。

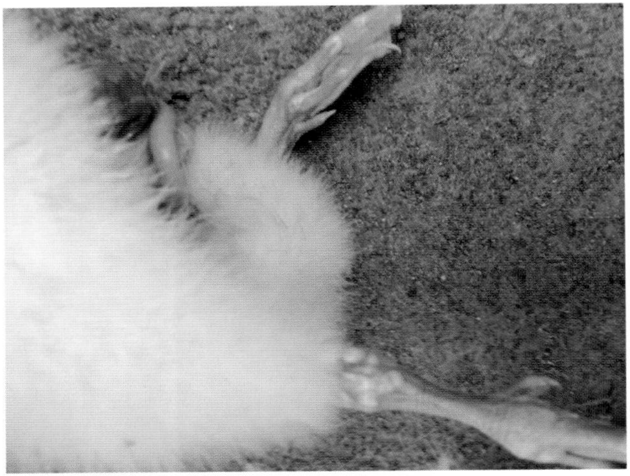

图 4-1-3 跗关节、趾关节肿胀

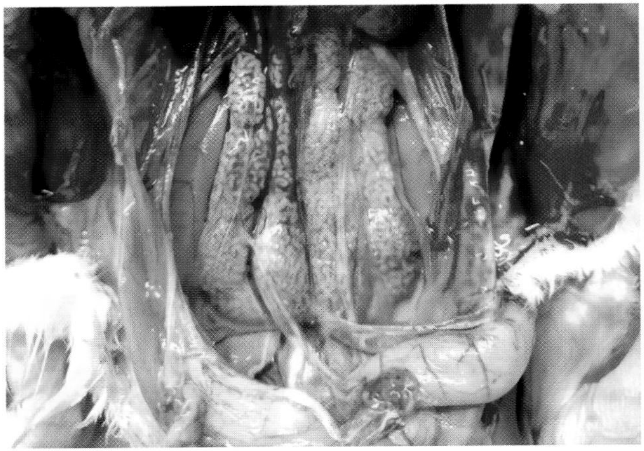

图 4-1-4 肾脏有尿酸盐沉积

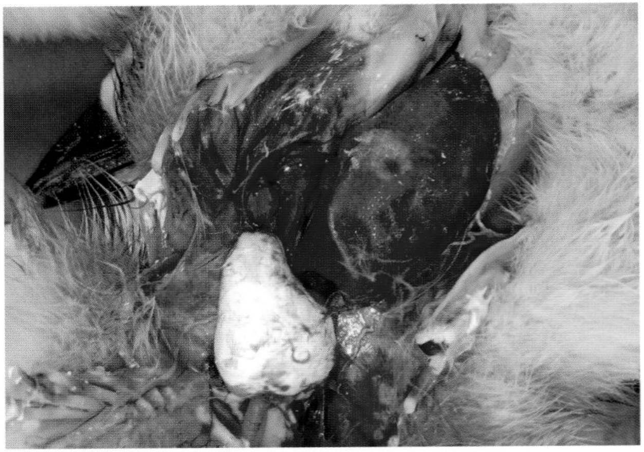

图 4-1-5 心脏有尿酸盐沉积

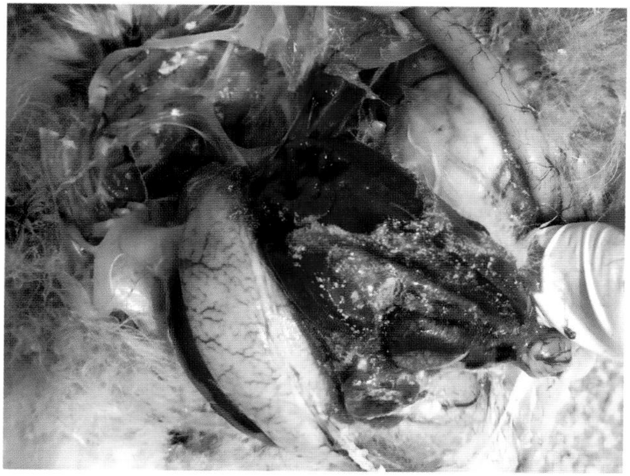

图 4-1-6 胆汁内有尿酸盐沉积

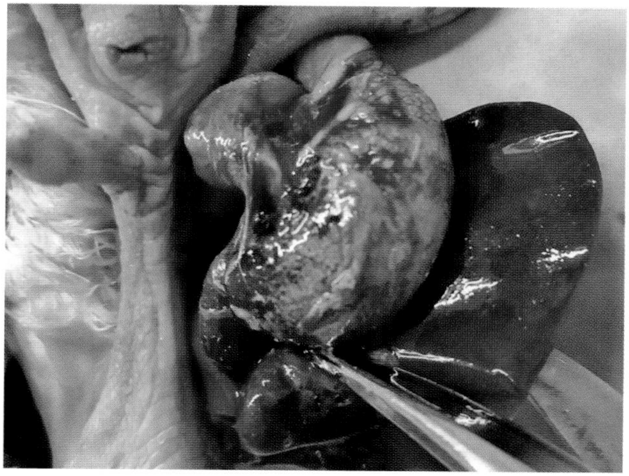

图 4-1-7 胆囊有尿酸盐沉积

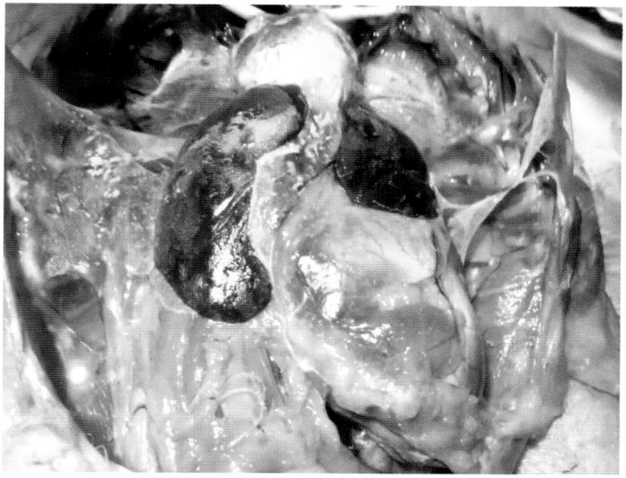

图 4-1-8 肌胃、腹壁有尿酸盐沉积

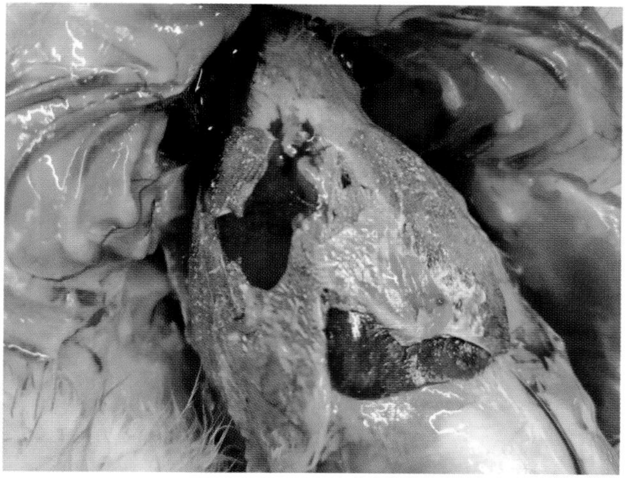

图 4-1-9 肝脏肿大，有尿酸盐沉积

图 4-1-10 肠管表面有尿酸盐沉积

图 4-1-11 混合型痛风，关节肿大，内脏有尿酸盐沉积

诊断要点

1）多发生于雏鹅。有时具有传染性。

2）病鹅排含有大量尿酸盐的稀粪。有的关节肿大。

3）内脏表面有大量尿酸盐沉积。

4）确诊还需要通过病毒分离、电镜观察及分子生物学方法进行诊断。

防控措施

（1）药物治疗 立即下调鹅群日粮中蛋白质水平，确保钙磷比例适宜。适当减少饲喂量。及时挑出病鹅，增加青饲料的喂量，供给足够的饮水，并在饮水中添加 1% 的碳酸氢钠，加速机体排出尿酸盐。需要注意的是，鹅发病后会对肾脏形成永久性损伤，导致肾脏功能减弱，从而对高蛋白质、钙磷比例失调及高钙的饲料非常敏感，很容易出现复发。

① 0.5% 的人工盐：在饮水中添加，混饮，连用 3~5 天。

② 大黄苏打片（每片含有 0.15 克碳酸氢钠和 0.15 克大黄粉）：按每千克饲料添加 1.5 片混饲，每天 1~2 次，连用 3 天。同时去除或纠正引发痛风的病因。

（2）科学饲养　鹅群可采取放牧为主、补料为辅的饲养方式，不仅能够采食大量的天然青绿饲料，节约精料，还能够增加运动量，促使鹅体质增强，使成活率提高。且每次放牧前禁止喂料，而是在放牧后补饲一定量的全价饲料。

（3）定期消毒　鹅场要采取封闭式的饲养管理方式，在每个进出道路口都要设置消毒池。鹅舍、食槽及其他用具都要定期进行消毒。对于病死鹅必须采取无害化处理，如深埋等，禁止随处乱抛乱丢。对于入场的运输工具、人员衣服、鞋帽及蛋筐等都要进行全面消毒，禁止带入致病原。一般常选择使用的消毒药物包括漂白粉、氢氧化钠、碘制剂等，且控制浓度适宜，交替使用，必要时进行消毒效果检测。

（4）对于新型鹅星状病毒感染引起的痛风的防治　可在种鹅开产前 2~3 周接种星状病毒灭活疫苗，减少雏鹅发病。有时注射星状病毒卵黄抗体进行预防。也可投放含黄芩、茯苓、泽泻、茵陈蒿、石韦、栀子、金银花、黄芪、金钱草、丹参的中药方剂进行治疗。

① 双黄连注射液 1 毫升 / 千克体重、头孢噻呋钠 1 克 /100 千克体重，混合均匀后肌内注射。隔天观察，必要时再注射 1 次。

② 1 克头孢噻呋钠 /100 千克体重和鹅星状病毒高免抗体混合均匀，肌内注射，2.5 毫升 / 只，隔天根据鹅的情况重复注射 1 次；禽用口服补液盐饮水，连用 3~5 天；柴胡、车钱草等中药提取物饮水，连用 3~5 天。

二、鹅脂肪肝综合征

简介

鹅脂肪肝综合征是由于用高能量低蛋白质饲料喂鹅引起的脂肪代谢障碍性疾病。病鹅肝脏有大量的脂肪积聚，出现脂肪浸润和变性，常伴有肝脏破裂而急性死亡。本病多发生在冬季和早春季节，主要见于30~52周龄的产蛋鹅及身体肥胖的鹅。

病因

① 长期饲喂碳水化合物过高的日粮及鹅的采食量过大，是本病发生的主要因素。

② 当机体中胆碱、含硫氨基酸、维生素B、维生素E等微量元素缺乏时，肝脏内脂肪蛋白质的合成和运输发生障碍，大量的脂肪就会在肝脏内沉积。

③ 饲料中矿物质含量比例不当，尤其是含钙过低，导致母鹅产蛋率下降，而鹅仍然保持正常的采食量，在这种情况下，大量的营养成分转化为脂肪贮存于肝脏，最终导致脂肪肝的发生。

④ 活动量不足容易使脂肪在体内沉积，也可引发本病。黄曲霉毒素也能引起肝脏脂肪变性。

临床症状

发病初期无特征性临床症状，鹅群中发现个别或少数鹅突然死亡。病鹅精神不振，采食量减少。腹泻，粪便中有完整的籽实粒。行动迟缓，不愿下水，卧地不起，强行驱赶时，常拍翅助其行走，最后昏迷或痉挛而死。也有不出现任何明显的症状而突然死亡的病例。一般死亡鹅体况良好或较肥胖。产蛋母鹅发病之后，产蛋率明显下降。

病理变化

尸体肥胖，皮下脂肪多，腹腔和肠系膜、肌胃、心脏、肾脏周围均有大量的脂肪沉积。有些病例出现卵黄性腹膜炎。肝脏的病变最为显著，肝脏肿大，边缘钝圆，呈黄色油腻状，质地柔软、易碎，甚至成糊状。肝被膜下有大小不等的出血点和白色坏死灶。切开肝脏时，刀上有脂肪滴附着。有的病鹅肾脏略变黄，脾脏、心脏、肠道有不同程度的小出血点。

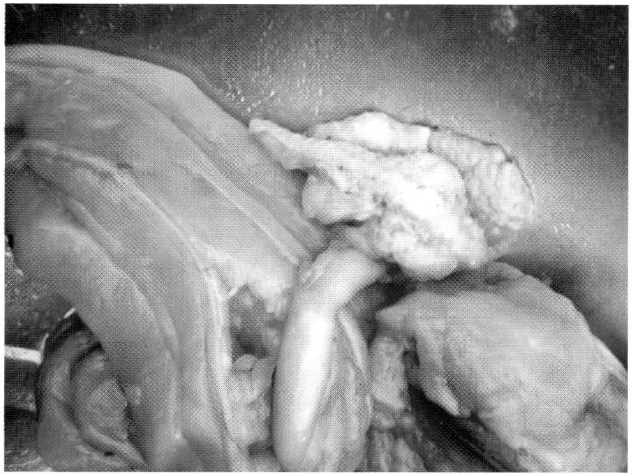

图 4-2-1 肠管间有大量的脂肪沉积

图 4-2-2 肝脏呈黄色、肿大，有出血点，肌胃周围脂肪多

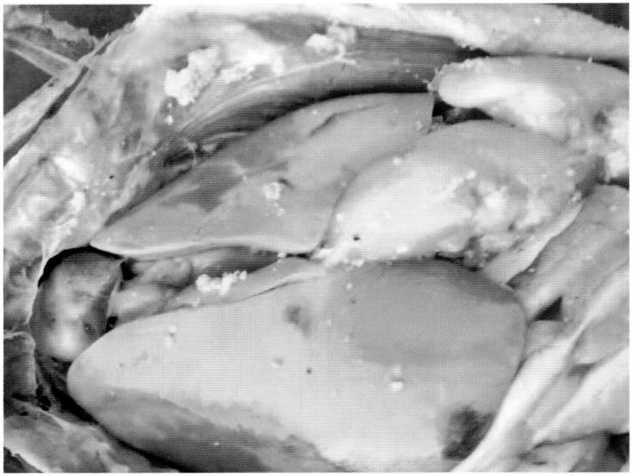

图 4-2-3 肝脏呈黄色，肝被膜下有出血点

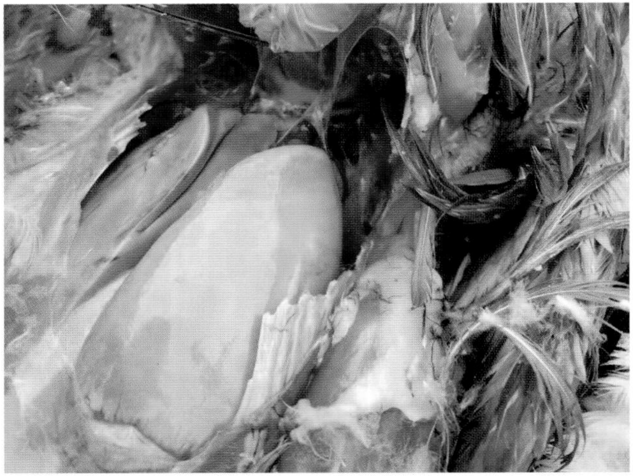

图 4-2-4 肝脏肿大、呈黄色油腻状

诊断要点

1）饲料过于单一，放牧少，缺乏户外运动，鹅超重。

2）肝脏肿大，边缘钝圆，呈黄色油腻状。体内脂肪过量沉积。

防控措施

（1）预防 合理调配饲料配方，不喂发霉饲料，适当采取限制饲养，增加户外运动，防止过肥，防止突然应激等。当饲料中所含的鱼粉等动物性蛋白质低于 5%、豆饼及其他油饼低于 20% 时，及时补给蛋氨酸（每吨饲料 1 千克）和氯化胆碱（每吨饲料 1~2 千克）。添加多种维生素和微量元素。在天气炎热时和产蛋期间，每千克饲料添加适量维生素，能有效地预防本病的发生。

（2）治疗 一旦发生本病，应尽快查明原因，采取有针对性的防治措施。降低饲料热能水平，增加 1%~2% 蛋白质，特别要增加含硫氨基酸和饲料用氯化胆碱（每吨饲料 1.5~2 千克）的饲料，增加粗纤维的含量，可考虑用小麦、麸皮、干酒糟等。在每吨饲料中添加维生素 E 2 万国际单位、维生素 B_{12} 12 毫克、肌醇 900 克、亚硒酸钠 1 克，连用 15 天，发病率可明显下降。症状较轻者 5~7 天有明显效果。病情较重的鹅，建议及时淘汰。

图 4-2-5 户外运动，可减少脂肪肝

图 4-2-6 添加氯化胆碱，减少肝脏破裂

三、鹅维生素缺乏症

维生素是维持动物机体碳水化合物、蛋白质和脂肪代谢等生理功能所必需的微量营养成分。鹅所需要的大多数维生素不能在体内合成或合成量极少，大部分需要从饲料中获取。鹅消化不良、饲料存放不合理导致维生素被破坏、生理需要增多等，都会引起鹅某种维生素的缺乏症。维生素A、维生素D、维生素E、维生素B_1等的添加量通常采取高于鹅需求量的方法，以降低或消除饲料及其原料在储运、加工调制、环境变化等情况下可能造成的维生素损失。

1. 维生素A缺乏症

维生素A缺乏症是由于饲料中维生素A、胡萝卜素不足或缺乏而引起的以生长发育不良、视觉障碍和器官黏膜损害、上皮角化不全的一种营养代谢病。不同品种和日龄的鹅均可发病，但临床上以1周龄左右的雏鹅多见，以冬季、早春缺乏青绿饲料时多见。

临床症状

雏鹅发病表现为精神委顿，食欲减退，雏鹅生长停滞，衰弱消瘦；羽毛松乱，喙和脚蹼颜色变浅，运动无力，步态不稳；呼吸困难，鼻流黏液，眼睑肿胀黏合、流泪、眼球萎缩凹陷，眼结膜囊内有干酪样渗出物。重病鹅运动失调，出现神经症状。6~7周龄鹅群在发生维生素A缺乏症后，如不能及时治疗和更换日粮，往往会出现大批死亡。成年鹅发病多为慢性经过，也可出现眼、鼻排泄物增多等症状。产蛋鹅产蛋率下降。种蛋孵化初期死胎较多，孵出的雏鹅常常表现出双目失明或患眼炎。

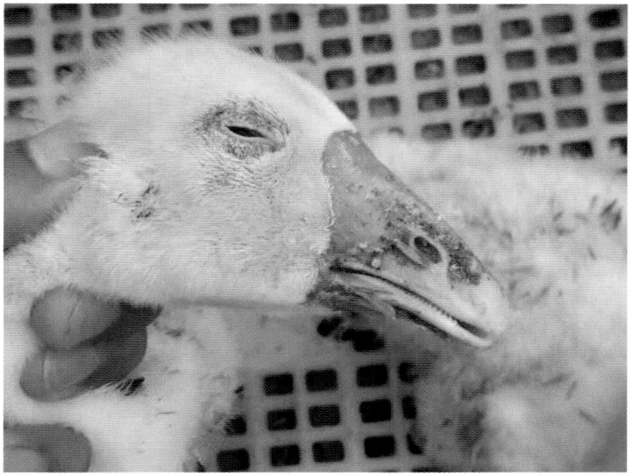
图 4-3-1 眼睑肿胀，分泌物增多

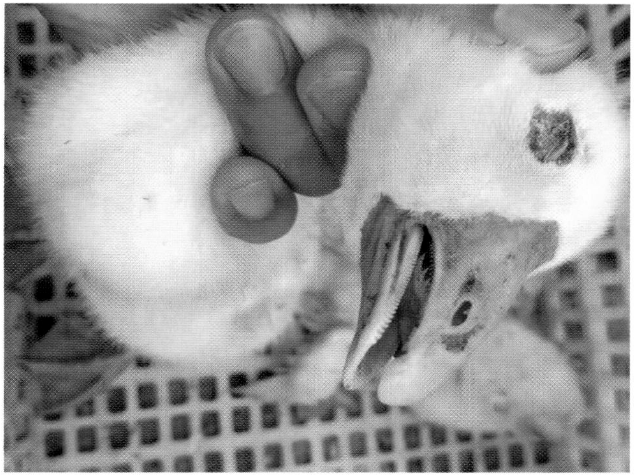
图 4-3-2 眼睑肿胀黏合、流泪

病理变化

剖检可见食道黏膜出现明显的灰白色坏死灶，不易剥落，有的呈白色假膜状覆盖。呼吸道黏膜及腺体萎缩、变性，上皮角化。肾脏肿胀，颜色变浅，呈花斑样，肾小管、输尿管充满尿酸盐，严重时心包、肝脏、脾脏等内脏器官表面也有尿酸盐沉积。小脑肿胀，脑膜水肿，有微小出血点。

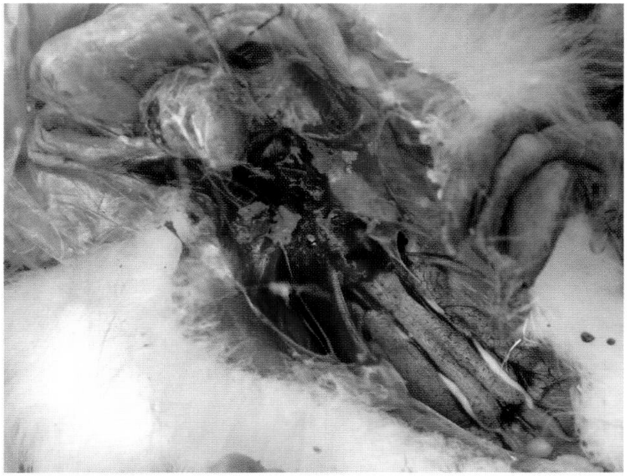
图 4-3-3 肾脏肿胀，颜色变浅，输尿管充满尿酸盐

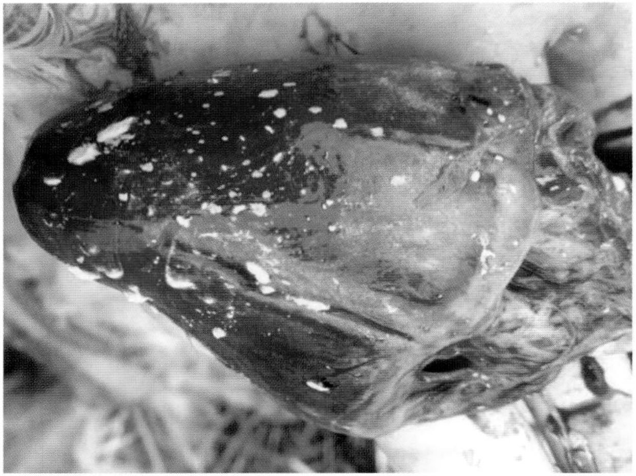

图 4-3-4 心包有尿酸盐沉积

图 4-3-5 心包、肝脏、肌胃表面有尿酸盐沉积

诊断要点

1）眼睑肿胀，分泌物增多。

2）肾脏肿胀，颜色变浅，呈花斑样，肾小管、输尿管充满尿酸盐。

3）口腔、咽、食道出现灰白色坏死灶。

4）饲料中维生素 A 含量不足。

5）肝脏维生素 A 的含量低于正常值（若胡萝卜素低于 5.9 微克 / 克肝组织则代表鹅维生素 A 缺乏）。

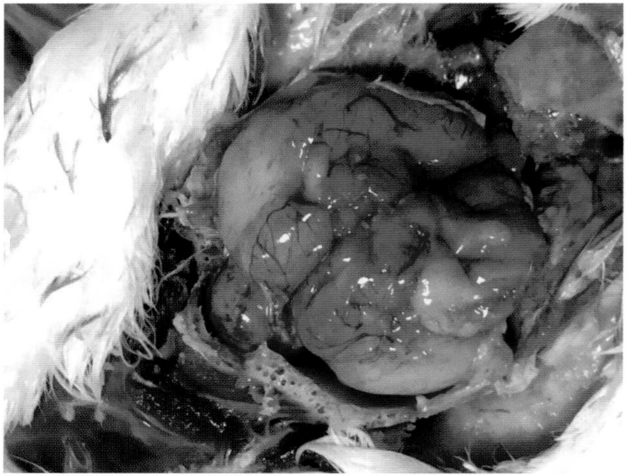

图 4-3-6 小脑肿胀，脑膜水肿，有微小出血点

防控措施

（1）预防　合理搭配饲料，防止饲料品种单一。在饲喂全价日粮时，适当供给部分青绿多汁饲料。同时要注意饲料的保管，不要存放太久，防止发生霉变，以免破坏维生素 A，日粮最好现配现用。

（2）治疗　适量补充维生素 A。若超过最高需要量的 50 倍时，会出现中毒。

① 鱼肝油：每千克日粮中添加 3~5 毫升（先将鱼肝油加入拌料用的温水中，然后在日粮中充分拌匀），连喂 7 天。对于病雏鹅可以通过口内滴服或肌内注射鱼肝油 0.5 毫升 / 只，成年鹅 1~1.5 毫升 / 只，每天 3 次，连用 3 天。

② 维生素 A 注射液：严重病鹅，可皮下注射，440 国际单位 / 千克体重。

2. 维生素 D 缺乏症

维生素 D 缺乏症是因日粮中维生素 D 缺乏或光照不足等引起的一种钙、磷代谢障碍性疾病。临床上以生长发育迟缓，骨骼变软、变形，运动障碍，产蛋率下降，产软壳蛋和薄壳蛋为特征。发病年龄集中于 1~6 周龄的雏鹅和产蛋高峰期的蛋鹅。雏鹅表现为佝偻病，成年鹅表现为骨软症。

临床症状

雏鹅生长迟缓，两腿无力，脚趾、腿骨、胸骨不同程度地弯曲变形，跛行，步态不稳；严重者站立困难，呈蹲伏状，勉强站立，两脚叉开呈八字形，若不及时治疗，常衰竭死亡。成年病鹅，爪、喙变软。产蛋鹅产蛋率下降，且多为软壳蛋、薄壳蛋、无壳蛋。种蛋孵化率严重下降。

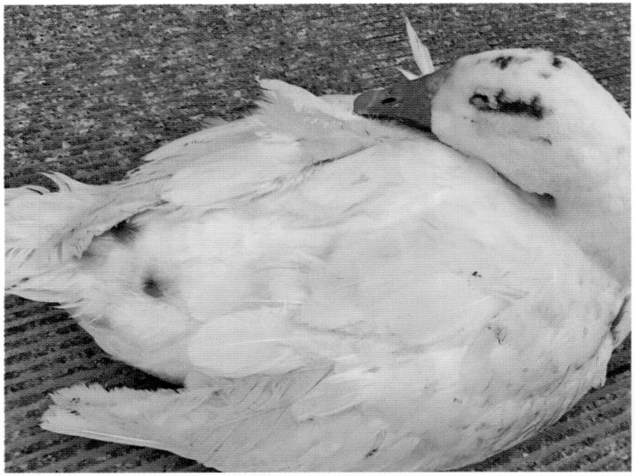

图 4-3-7 病鹅生长迟缓，两腿无力

图 4-3-8 产蛋鹅产蛋率下降，有薄壳蛋

病理变化

剖检可见胸骨 (龙骨) 变软且呈“S”状弯曲，长骨骨质钙化不良、骨质软，骨髓腔增大；胸部肋骨与肋软骨的接合间隙变宽，严重者在肋骨的同一水平位置上都有成串的珠球状结节，故俗称“肋骨串珠”。成年产蛋母鹅可见骨质疏松，胸骨变软，肋骨与胸骨、椎骨的接合处内陷，所有肋骨沿胸廓呈向内弧形特征。

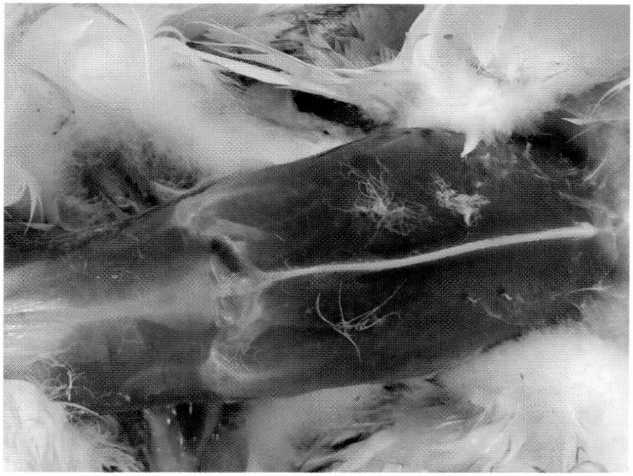

图 4-3-9 胸骨（龙骨）变软，出现弯曲

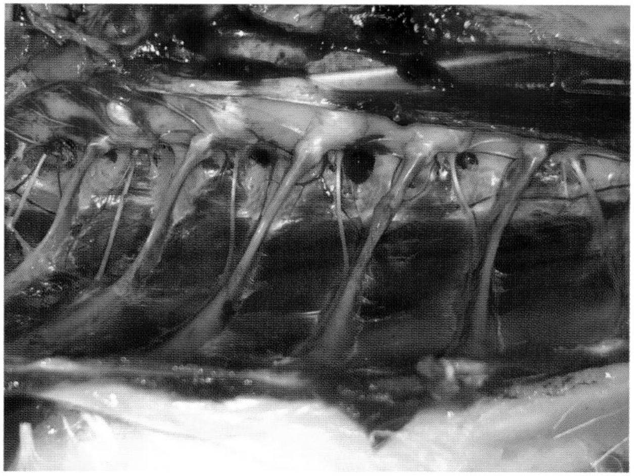

图 4-3-10 肋骨与胸骨的接合处内陷

诊断要点

1）雏鹅生长发育迟缓，骨骼变软、变形，运动障碍。

2）骨质疏松，胸骨变软，肋骨与肋软骨接合部出现球状增生，排列成串珠样。跗关节肿大。

3）饲料中维生素 D 含量不足。抗生素对本病无效。

防控措施

（1）预防　维生素 D 的合成需要紫外线，所以要给鹅提供充足的日照时间。梅雨季节可在鹅舍内安装紫外线灯间断性照射。日粮中补充富含维生素 D 的饲料，还要注意饲料中钙、磷的比例。

（2）治疗　对于患病的雏鹅可以饲喂 2~3 滴鱼肝油，每天 1~2 次，2 天为 1 个疗程。或用维生素

D_3 内服，每天 15000 国际单位，通常喂给 1 次即可治愈。

3. 维生素 E 缺乏症

维生素 E 缺乏症是一种因饲料原料中缺乏维生素 E 和微量元素硒而引起的以脑软化症、渗出性素质、肌营养不良为特征的营养缺乏性疾病。不同品种和日龄的鹅均可发病，但临床上主要见于 1~6 周龄的雏鹅。患病鹅发育不良，生长停滞，运动失调，可造成大批死亡。

临床症状

（1）脑软化症 多见于 1 周龄雏鹅。发病早期，病鹅食欲减退或废绝，步态不稳，共济失调；头向后方弯曲呈“观星”姿势，两翅低垂，双腿麻痹。

（2）渗出性素质 多见于 3~6 周龄雏鹅。病鹅表现为精神不振，羽毛粗乱，食欲下降，站立时两腿叉开，喙尖和脚蹼发紫。肥育仔鹅腹部皮下水肿，穿刺时有蓝绿色液体流出。

（3）肌营养不良 病鹅表现出消瘦，经常腹泻，运动失调；严重者呈躺卧姿势，后期衰竭而亡。

图 4-3-11 病鹅消瘦，共济失调

病理变化

（1）脑软化症 死于脑软化症的雏鹅，可见脑颅骨较软，小脑发生软化和肿胀，脑膜水肿，表面可见有出血斑。严重病例可见小脑质软、变形，切开流出糜状液体。

（2）渗出性素质 渗出性素质病例剖检可见腹部皮下有浅黄色或浅绿色胶冻样渗出，胸、腿部肌肉常见有出血斑点，有时可见心包积液，心肌变性或呈条纹状坏死。

（3）肌营养不良 肌营养不良的病鹅，可见全身的骨骼肌肌肉色泽苍白，胸肌和腿肌中出现条纹状灰白色坏死；心肌变性、色浅，呈条纹状坏死，有时可见肌胃坏死。

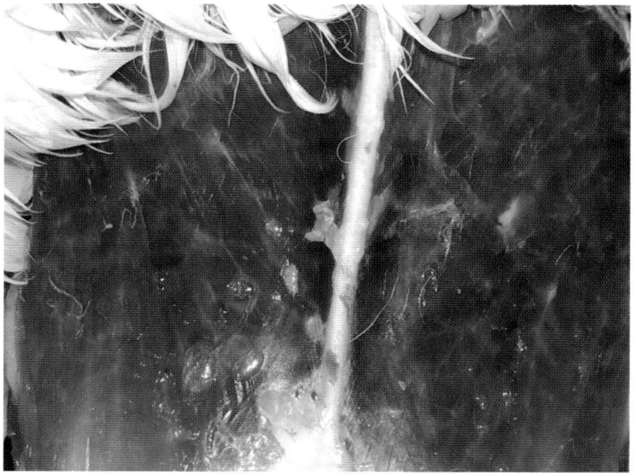

图 4-3-12 胸肌出现条纹状灰白色坏死

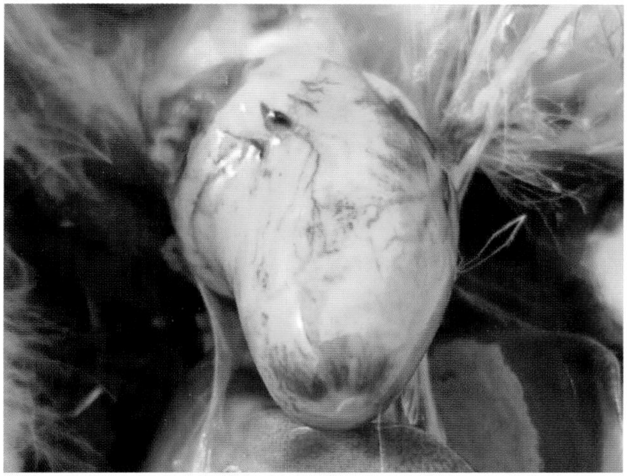

图 4-3-13 心肌变性、色浅

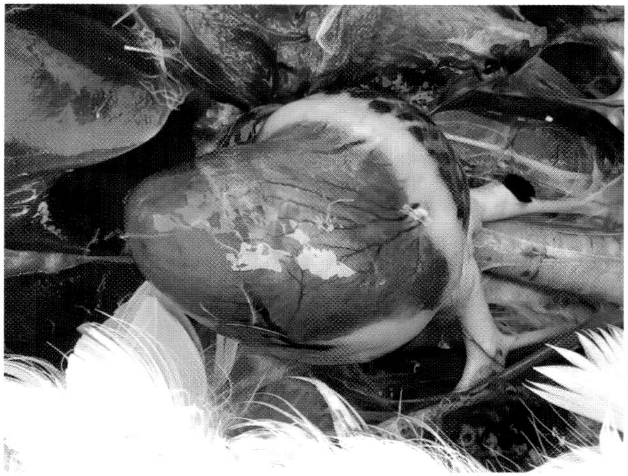

图 4-3-14 心肌变性、色浅，呈条纹状坏死

诊断要点

1）1~6 周龄雏鹅发病较多。

2）可见小脑软化、变形。

3）以脑软化症、渗出性素质、肌营养不良为特征。

4）饲料中维生素 E 含量不足。

防控措施

（1）优化饲料，合理组方 配制含维生素 E 丰富的饲料。保证每千克饲料中添加 0.1 毫克的硒和 20 国际单位维生素 E，还需要注意维持氨基酸的平衡，不要使用含不饱和脂肪酸过高的饲料。

（2）合理贮存饲料 饲料中加入抗氧化剂，如乙氧喹。

（3）对于发病鹅，及时治疗

① 维生素 E：每只鹅喂服 300 国际单位的维生素 E，每天 1 次，连用 7~14 天。

② 亚硒酸钠：在饮水中添加亚硒酸钠 0.1 毫克 / 升，每天 1 次，连用 7天。同时，每千克饲料中补充蛋氨酸 2 克，增加多种维生素的喂量。

4. 维生素 B_1 缺乏症

维生素 B_1 缺乏症是由于饲料中维生素 B_1 缺乏引起的糖代谢紊乱，导致血液和组织中丙酮酸和乳酸蓄积，临床上以角弓反张、呈观星姿势等多发性神经炎性症状为特征。幼龄鹅最多见。当饲料品质差，饲料中蛋白质和 B 族维生素缺乏时，可见羽毛发育异常。

临床症状

病雏鹅初期表现食欲减退，精神沉郁，体温降低，羽毛松乱，步态蹒跚等一系列症状。随着病情不断发展，两脚无力，腹泻，不愿走动。腿部、翅膀、颈部肌肉麻痹，间歇性出现偏头、扭颈或头部后仰呈观星状姿势，有的两脚朝天，游泳样摆动。成年病鹅，一般发病慢，3 周后才表现比较明显的临床症状。种鹅或产蛋鹅产蛋率下降，孵化率降低。

图 4-3-15 B 族维生素等营养缺乏，羽毛松乱、发育异常

图 4-3-16 病鹅两脚无力，不愿走动

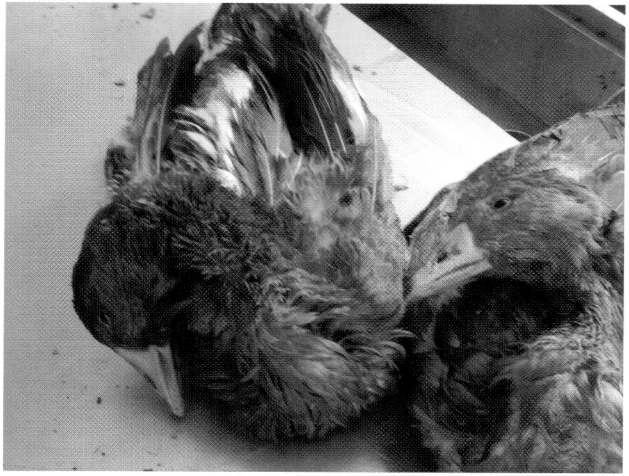

图 4-3-17 病鹅偏头、扭颈

病理变化

病鹅可见皮肤水肿，胃肠壁严重萎缩，肠黏膜有明显的炎症，肠道内有大量泡沫状内容物。雏鹅生殖器官萎缩。心脏轻度萎缩。

图 4-3-18 两脚游泳样摆动

诊断要点

1）幼龄鹅最多见，以角弓反张、呈观星姿势等多发性神经炎性症状为特征。

2）种鹅或产蛋鹅产蛋率下降，孵化率降低。

3）饲料中维生素 B_1 不足。

防控措施

（1）预防 注意饲料配制，特别是母鹅饲料的配制。增喂新鲜的青绿饲料、酵母粉、糠麸等含维生素 B_1 丰富的饲料。不能饲喂潮湿、霉变的饲料，还应避免饲料暴晒或碱性处理。日常少喂鲜鱼、鲜虾、蕨类植物，不能用生豆饼喂鹅。使用氨丙啉等驱球虫时，应及时补充维生素 B_1。雏鹅出壳后，饮水中添加复合维生素 B 溶液，每只 1~2 毫升，每天 2 次。

（2）治疗 增加维生素 B_1 的日常供应量。

① 维生素 B_1：每千克饲料中添加维生素 B_1 粉 10~20 毫克，连用 1 周左右。对于病情严重的鹅，可用维生素 B_1 注射液肌内注射，每天每只 0.2 毫升，用 1~2 次。急性缺乏期，病鹅口服维生素 B_1，雏鹅每天 1 毫克 / 只，成年鹅 2.5 毫克 / 千克体重，连用 7 天。

② 复合维生素 B 溶液：在饮水中添加，每天 0.5 毫升 / 只，每天 2 次，连用 7 天。

四、鹅矿物质缺乏症

鹅必需的矿物质元素有钙、钾、钠、磷、锰、硒等，这些元素参与机体内的各种代谢过程，如果其中的某种元素缺乏、不足或比例失调，均会引起一定的临床症状。因此，一定要在鹅日粮中，按不同日龄和生产需要供给一定量的矿物质。

1．钙、磷缺乏症

钙、磷与鹅的代谢密切相关，是动物体需要量最多的矿物质元素，是骨骼的主要组成成分。钙、磷缺乏症是由于日粮中钙、磷的含量不足或比例不当，引起的一种以雏鹅患佝偻病、成年鹅患软骨病、种鹅产软壳蛋和薄壳蛋为特征的营养代谢病。

临床症状

雏鹅表现为生长缓慢，骨骼发育不良，尤其是腿骨变软且易弯曲，站立不稳，站立时两腿叉开呈八字形，影响采食。成年鹅腿软无力，喙变软，喜卧地，病情严重者可发生瘫痪，后期消瘦衰竭而死。产蛋鹅的产蛋率下降，产出薄壳蛋、软壳蛋或无壳蛋，种蛋孵化率降低。

图 4-4-1　鹅腿软无力，喜卧地

病理变化

雏鹅可见龙骨变软或弯曲，长骨变形、质变软，跗关节肿大，肋骨质软、易弯，骨干内表面出现米粒大串珠；甲状腺肿大，肾脏有慢性病变。成年鹅骨变形，骨表面粗糙不平，骨质疏松，容易折断。胚胎四肢弯曲，腿短，多数死胚皮下水肿、肾脏肿大。

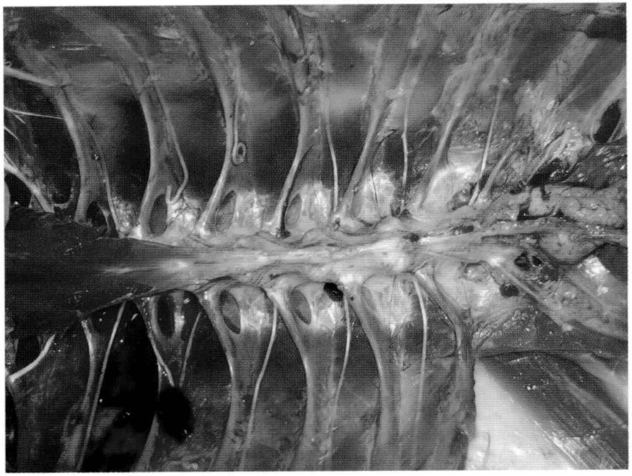

图 4-4-2 病鹅肋骨质软、易弯

诊断要点

1）雏鹅表现为生长缓慢，腿骨变软且易弯曲，站立不稳。

2）雏鹅可见龙骨变软或弯曲，长骨变形、质变软，跗关节肿大。

3）产蛋鹅的产蛋率下降，产出薄壳蛋、软壳蛋或无壳蛋，种蛋孵化率降低。

防控措施

（1）预防 平时保证鹅日粮中钙、磷的供应，并保持钙、磷的比例适当。注意添加鱼粉、骨粉、贝壳粉或石粉，同时增加多种维生素用量或饲喂鱼肝油，钙含量为0.6%~0.8%、有效磷含量为0.30%~0.35%，钙磷比例约为2:1，有条件的应多让鹅接受日光照射。

（2）治疗 对发病鹅群，应根据具体发病原因采取相应的措施。

① 钙、磷含量不足的或比例不当的，补足钙、磷，并调整好比例。常用原料有骨粉、石粉，贝壳粉等。

② 鱼肝油：每次2~3滴投喂，每天1~2次，连用2~3天。或用鱼肝油按0.5%~1%的剂量拌料饲喂。

③ 维丁胶性钙注射液：适用于单纯性缺钙，雏鹅每只0.5毫升，成年鹅每只1~2毫升，连用2~3

天，并配合维生素 D 治疗（喂鱼肝油或注射维生素 D_3）。

2. 锰缺乏症

锰缺乏症是由于鹅体内锰元素缺乏引起的以骨形成障碍、骨粗短、脱腱症为特征的一种营养代谢病。

临床症状

雏鹅表现为跗关节异常增粗，胫骨远端和趾骨近端弯曲或扭转，腓肠肌腱向关节一侧滑动、滑脱，俗称“滑腱症”或“脱腱症”；病鹅不能站立，行走困难，从而影响采食和饮水，致使生长缓慢。成年鹅表现为产蛋显著减少，蛋壳变薄，胚胎发育不良，孵出的雏鹅往往生长发育停滞。

病理变化

骨骼发育不良，骨粗短，跗跖骨弯曲、短粗，近端粗大变宽，胫跖骨、跗跖骨关节处皮下有一灰白色较厚的结缔组织。内脏器官无特征性肉眼可见变化。胚胎多发生畸形，腿粗短、翅膀短。

图 4-4-3 病鹅不能站立，行走困难

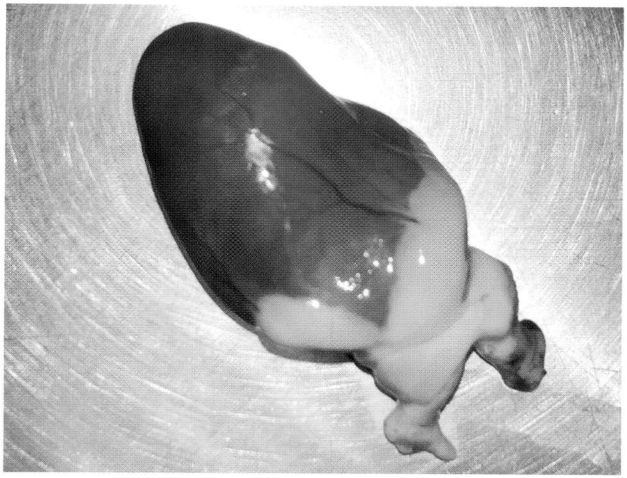

图 4-4-4 病鹅心脏无肉眼可见病变

诊断要点

1）雏鹅跗关节异常增粗，腓肠肌腱向关节一侧滑脱。

2）成年鹅表现为产蛋显著减少。

3）饲料中锰的含量不足。

防控措施

（1）预防 注意要满足鹅日常所必需的饲料中锰的含量，在饲料中添加锰的量为：6 周龄以前 60 毫克 / 千克，6 周龄以后为 30 毫克 / 千克。多喂新鲜的青绿饲料，及时调整钙、磷、铁的比例。在鹅产蛋期间要提高饲料中的锰含量，并及时调整钙、磷、铁的比例。麸皮、米糠含锰量较高。

（2）治疗

① 当发生锰缺乏症时，每千克饲料中添加硫酸锰 0.1~0.2 克，或将饮水配成 0.01% 的高锰酸钾水溶液饮用，连饮 2~3 天，间隔 1~2 天，每天更换饮水 2~3 次。

② 在每千克饲料中加入 0.1~0.2 克的硫酸锰，同时配合使用氯化胆碱（0.6 克 / 千克饲料）、维生素 E（10 国际单位 / 千克饲料），连续饲喂。

3. 硒缺乏症

硒缺乏症主要是由于饲料中硒含量不足导致鹅出现消瘦、行走困难、下痢等一系列症状。雏鹅最易发生。其特点是发病快，病程短。硒的主要作用是阻止某些代谢产物对细胞膜的氧化作用、维持细胞膜的完整性、保护细胞不受损伤。硒与维生素 E 相互协同，维持细胞的正常代谢。

临床症状

病鹅表现出精神沉郁，食欲减退，羽毛蓬松，颈、胸、腹下组织水肿，两腿因水肿左右叉开，站立不稳，行走困难，下痢，排绿色或白色稀粪。

图 4-4-5 精神沉郁，食欲减退，多卧伏

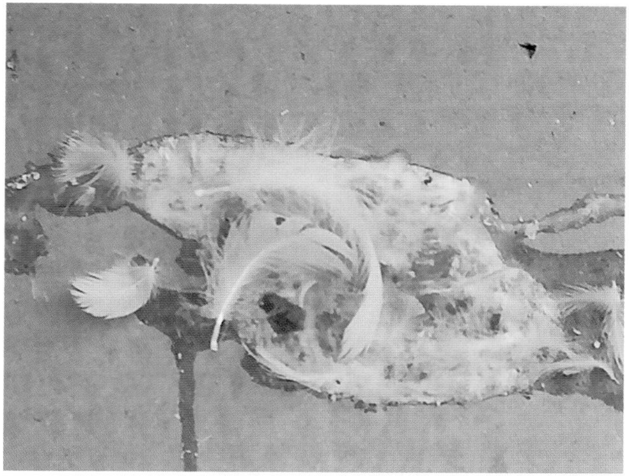

图 4-4-6 病鹅排白色稀粪

病理变化

皮下水肿，呈胶冻样，穿刺有蓝绿色液体流出。胸部、腿部肌肉褪色、无光泽，有出血斑点。小肠黏膜呈卡他性炎症，肌胃扩张。心肌变性、色浅，有灰白色坏死灶。输尿管内充满尿酸盐。有的病鹅脑膜有出血点，小脑软化。

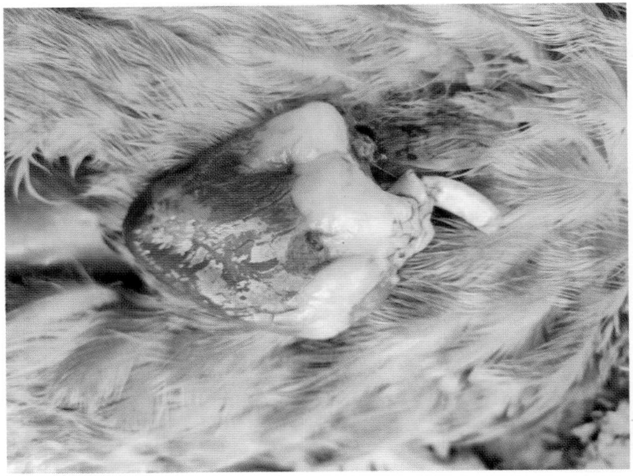

图 4-4-7 心肌变性、色浅

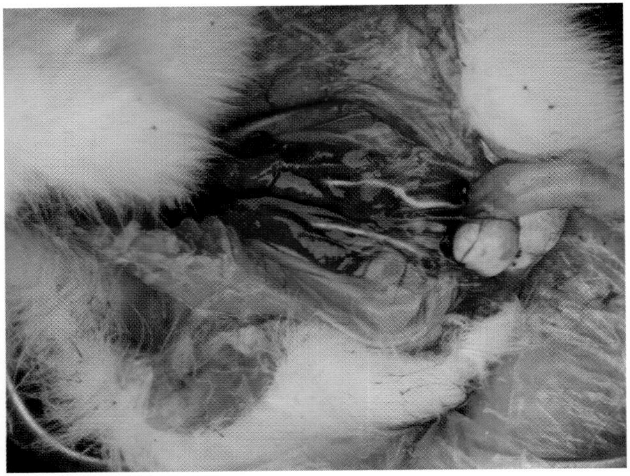

图 4-4-8 输尿管内充满尿酸盐

诊断要点

1）病鹅行走困难，下痢。

2）鹅皮下组织水肿，水肿液呈蓝绿色胶冻样。

3）饲料中硒的含量不足。

防控措施

（1）预防 预防本病应早期补硒和维生素 E，在配制饲料时，一定注意饲料原料的产地，6 周龄之前的鹅饲料中添加硒为 0.15 毫克 / 千克，6 周龄以后添加量为 0.10 毫克 / 千克，同时补充维生素 E 20 毫克 / 千克。另外，还应避免饲料因受高温、潮湿、长期贮存或受霉菌污染而造成维生素 E 损失。

（2）治疗 对发病的雏鹅每升水加入亚硒酸钠 0.1 毫克，让鹅自由饮用；在每千克饲料中加入植物油 5 克、蛋氨酸 2~3 克，连用 3 天。对重症的病鹅每只肌内注射 0.05% 的亚硒酸钠 0.1 毫升，隔天注射 1 次，连续 3 天可取得较好的治疗效果。

五、鹅黄曲霉毒素中毒

鹅黄曲霉毒素中毒是由于鹅饲料中黄曲霉毒素超标而引起的中毒性疾病。临床上主要以全身浆膜出血、肝脏损伤、出现神经症状为主要特征。以雏鹅感染性最高，雏鹅中毒时多表现为急性发病，表现为掉毛、运动失调，死亡时头颈呈角弓反张状态，死亡率较高。

病因

黄曲霉毒素是由黄曲霉和寄生曲霉的产毒株产生的。黄曲霉等霉菌在自然界分布很广。在花生、大豆、玉米及其他谷物中，更适合于霉菌的生长。在温暖潮湿的环境中，因饲料品质不良，或保存不当霉菌可大量繁殖，产生黄曲霉毒素，鹅食入这些发霉变质的饲料后即可引起发病。

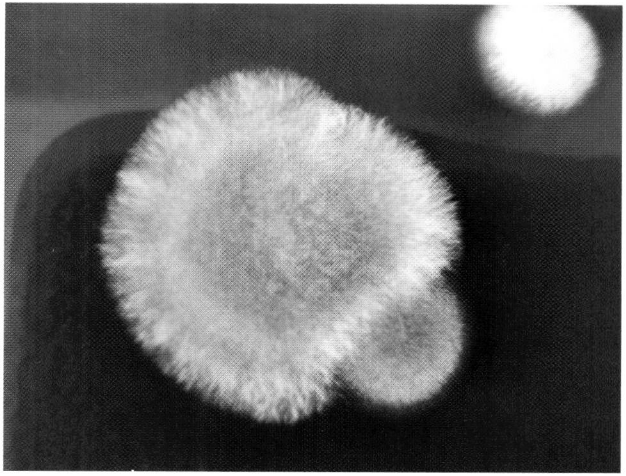

图 4-5-1 生长在培养基上的霉菌菌落

临床症状

（1）雏鹅 雏鹅黄曲霉毒素中毒多表现为发病比较紧急，发病症状有时不明显，死亡快。采食有毒饲料后约 2 周，表现出精神不振，食欲废绝，掉毛，异常尖叫，跛行、喜卧，腿、脚部皮下有紫红色出血点，常伴有腹泻，且粪便中带血。死亡时头颈呈角弓反张，痉挛后不久就相继衰竭而死。

（2）成年鹅 成年鹅耐受性稍高，亚急性病例较常见，主要表现为发育不良、虚弱、厌食、消瘦、贫血，产蛋率明显下降，1 周后死亡率骤升。病程长的发展为肝癌，极度消瘦，最后因器官衰竭而死。

图 4-5-2 精神不振，食欲废绝，喜卧

病理变化

（1）急性 急性病例表现为广泛性的出血和黄疸。肝脏是主要的靶器官。剖检可见肝脏肿大，有时硬化，颜色变浅、呈灰黄色或苍白，表面有数量不等的出血点或出血斑。胆囊扩张。肾脏苍白、肿胀、出血。胰腺肿胀、出血。脾脏呈浅黄色，有出血点和坏死点。胸、腹腔有时积液。胸部皮下和肌肉常见有出血斑点。肌胃角质膜糜烂，腺胃膨大、出血。小肠黏膜出血。

（2）亚急性 亚急性病例，肝脏颜色变黄，比正常稍肿大、质地变硬，有时分布不规则白色坏死灶和多灶性出血，时间太长容易形成肝癌结节，胆囊肿大，充满稀薄胆汁。心包腔及腹腔常有浅黄色积液。

图 4-5-3 肝脏苍白，表面有数量不等的出血斑

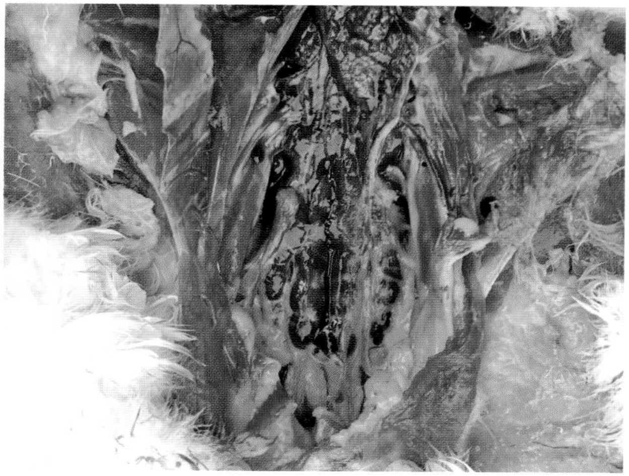

图 4-5-4 肾脏肿胀、出血

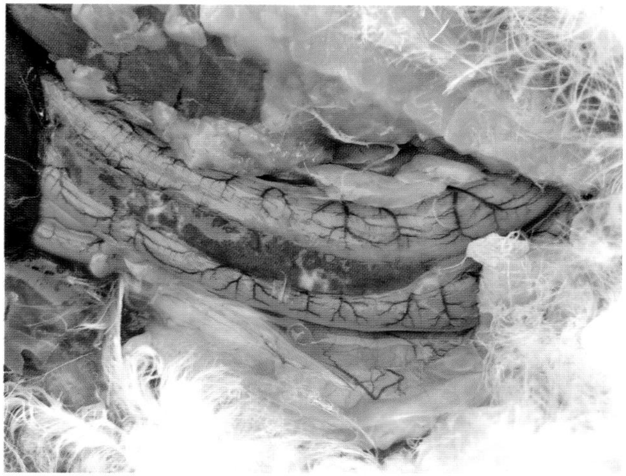

图 4-5-5 胰腺肿胀、出血

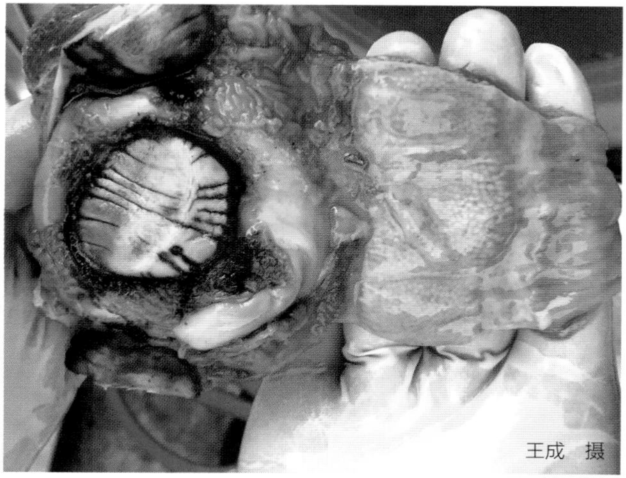

图 4-5-6 肌胃角质膜糜烂

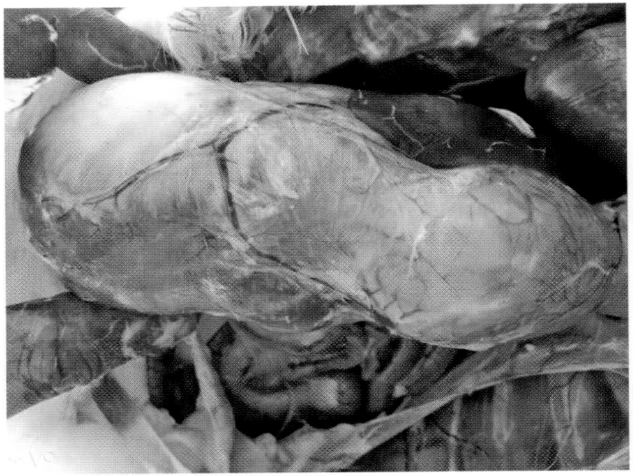
图 4-5-7 霉菌毒素导致腺胃膨大

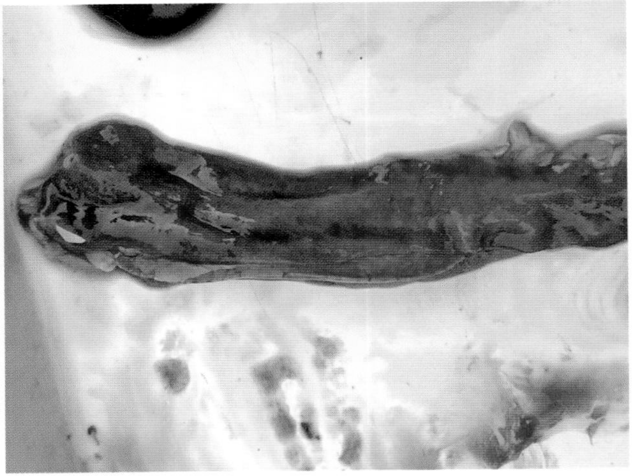
图 4-5-8 小肠黏膜出血

图 4-5-9 鹅肝脏颜色变黄，出血

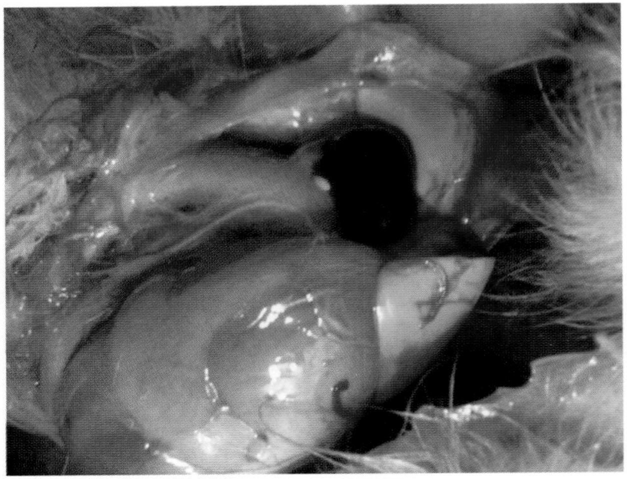
图 4-5-10 鹅肝脏颜色变黄，胆囊充盈

图 4-5-11 肝脏肿大、质地变硬，有白色网格状变化

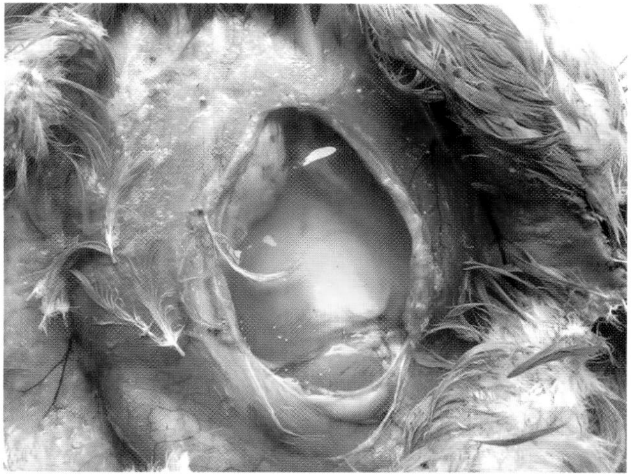

图 4-5-12 腹腔有浅黄色积液

诊断要点

1）病鹅有采食霉变饲料的病史。

2）肝脏肿大、出血，颜色变浅，呈灰黄色。

3）饲料中黄曲霉毒素超标。

防控措施

（1）预防　禁止饲喂霉变的饲料是预防本病的关键。分批检测饲料中黄曲霉毒素的含量，可避免饲料污染。应对当地作物状况（干燥、遭受虫害）进行监测，预测黄曲霉毒素的产生。玉米、小麦等谷物收获后应在 1 周内及时进行干燥处理，使其含水量降至 15% 以下，并贮存于干燥、低温、良好通风的环境下，以防发霉。黄曲霉菌在温度低于 2℃、谷物饲料含水量低于 12% 时，则停止繁殖。在保存过程中可在饲料中加入 0.1% 苯甲酸钠、富马酸二甲酯（DMF）、丙酸钙（75% 的丙酸钙 1 千克 / 吨饲料）等防霉剂。

饲喂时做到少给勤添，料槽、水槽每天清理，不留剩料及剩水。保持鹅舍干燥，空气新鲜，不用发霉的垫料等。对已被污染的场所，可用高锰酸钾溶液与福尔马林混合熏蒸（每立方米空间用高锰酸钾 25 克、福尔马林 25 毫升、水 12.5 毫升的混合液）或过氧乙酸喷雾（每立方米空间用 5% 溶液 2.5 毫升）进行消毒。

死亡鹅应无害化处理，禁止食用。

（2）治疗 黄曲霉毒素中毒没有特效药物，应立即停喂可疑饲料及清除可疑垫料等，防止造成更严重的中毒，饮服 5% 葡萄糖水、水溶性电解多维或饲料中添加维生素 A、维生素 D 等多种维生素，连续使用数天。重症病例应及时灌服足量的盐类泻剂，快速促进肠道蓄积毒物的排出。再结合使用止血护肝疗法，用 25%~50% 葡萄糖和维生素 C 混合，静脉注射。彻底清除鹅舍粪便，对鹅舍、垫料和饲养用具等可用 2% 次氯酸钠溶液消毒，杀灭霉菌孢子。

六、鹅一氧化碳中毒

鹅一氧化碳中毒又称煤气中毒，是由于鹅吸入大量一氧化碳（CO），在体内生成碳氧血红蛋白，使血液携带氧的能力发生障碍，造成机体组织缺氧的一种急性中毒性疾病。由于中枢神经对氧最敏感，故一氧化碳中毒时首先造成神经细胞机能障碍，使机体各脏器失调而发生一系列症状。只要空气中含一氧化碳浓度达到 0.1%~0.2%，即使吸入少量，鹅即可中毒。常可导致鹅大批死亡。

临床症状

鹅中毒较轻时，表现为精神沉郁、羽毛松乱、食欲减退、生长迟滞、怕光流泪、咳嗽。严重中毒者表现为躁动不安、呼吸困难、呆立、嗜睡，随之出现运动失调，头向后仰，易惊厥、痉挛，最终因昏迷而死亡。

图 4-6-1　病鹅分散均匀，大量死亡

病理变化

轻度中毒的鹅无肉眼可见的病理变化。重症者可见其血管、血液、脏器、组织黏膜呈鲜红色或樱桃红色，皮肤、肌肉及可视黏膜充血或出血。口腔内的黏膜充血，颜色为红紫色，喉头充满黏液。气管的下端有长条状纤维素样血凝块，心脏、肝脏、脾脏肿大，心内、外膜上可见散在的出血点。肺严重贫血，色鲜红，肺气肿。嗉囊、胃肠道内空虚，肠系膜血管呈树枝状充血。

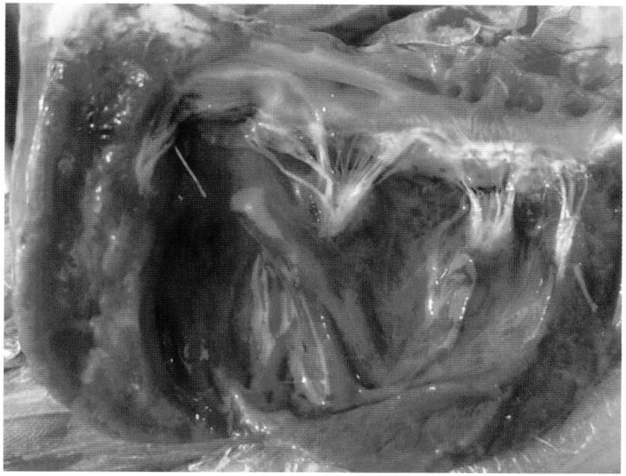

图 4-6-2　心内膜上有出血点

诊断要点

1）煤炭或煤气燃烧不充分，产生的一氧化碳气体通过烟道进入鹅舍。

2）健康程度不同的鹅短时间内几乎全部死亡。

防控措施

1）一旦鹅出现一氧化碳中毒，应立即打开鹅舍风机、门窗，排出舍内一氧化碳，换进新鲜空气。同时还要尽量保持鹅舍的温度适宜。在地面洒清水，用雾化设施喷雾，以增加室内的湿度，保持舍内空气新鲜。为了防止鹅因中毒造成机体抵抗力下降，以及通风换气时温差骤变导致鹅继发感染，可用一定浓度的抗生素拌入饲料内，搅拌均匀后给全群鹅饲喂，或在饮水中添加维生素C、葡萄糖、抗菌药物供鹅饮用，会有助于病鹅的康复。

2）预防一氧化碳中毒，应经常检查鹅舍或育雏舍内的取暖设施，鹅舍内要设有风机或通风孔及其他通风换气设备，以确保鹅舍内通风换气良好，预防疾病的发生。

图 4-6-3 避免炭炉消耗舍内氧气和排烟不畅

七、鹅药物中毒

造成鹅药物中毒的主要原因有重复用药、超大剂量用药、拌药不均匀等。从雏鹅开食起，就应规范地使用各种药物，防止过量用药等因素引起鹅中毒。

1. 磺胺类药物中毒

磺胺类药物具有广谱的抑菌效果和抗球虫作用。临床上常用于预防和治疗鹅球虫病和多种细菌性疾病。但养殖户在使用过程中会因用量过大、用时过长、拌料不均匀而导致磺胺类药物中毒现象时有发生。磺胺类药的一般使用量是口服 0.1 克 / 千克体重、肌内注射 0.07 克 / 千克体重，连用 3~5 天。超过这个用量或者疗程超过 7 天就有可能造成鹅中毒。

临床症状

急性中毒病鹅主要表现为拒食、腹泻、呼吸加快，出现头颈扭曲、麻痹、痉挛、两腿划动等神经症状。慢性中毒病鹅表现为精神抑郁、食欲减退，饮水增加，便秘或腹泻，粪便呈酱油色，贫血，黄疸，生长缓慢。产蛋鹅产蛋率下降，出现蛋壳变薄、软壳蛋增多的现象。

图 4-7-1 病鹅拒食，大量死亡

图 4-7-2 病鹅衰弱，拒食，站立困难

病理变化

剖检可见皮下、胸肌、大腿内侧肌肉斑状出血，血液凝固不良。肝脏肿大、颜色变黄，肝脏表面有出血斑点和坏死灶。肺充血、出血与水肿。肾脏肿大、呈土黄色，有时可见点状出血。输尿管扩张，内部充满白色尿酸盐结晶。腺胃黏膜和肌胃角质层下出血。心包积液，心肌刷状出血，有时有灰白色病灶。慢性中毒有时可见腺胃黏膜有溃疡灶，整个肠道黏膜有出血斑，骨髓颜色变浅、发黄。

图 4-7-3 肝脏颜色变黄，有出血点

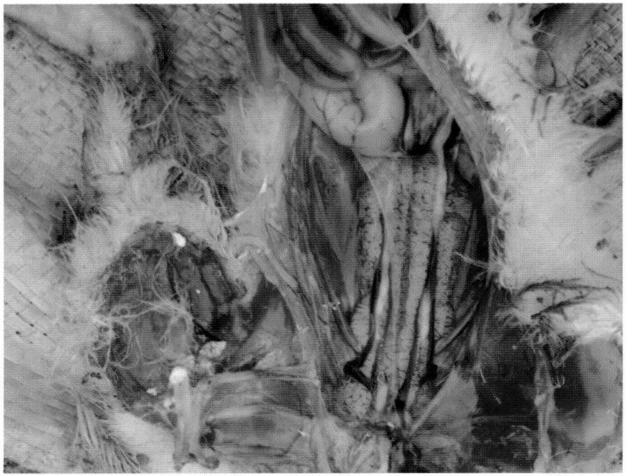

图 4-7-4 肾脏肿大、出血，输尿管有尿酸盐沉积

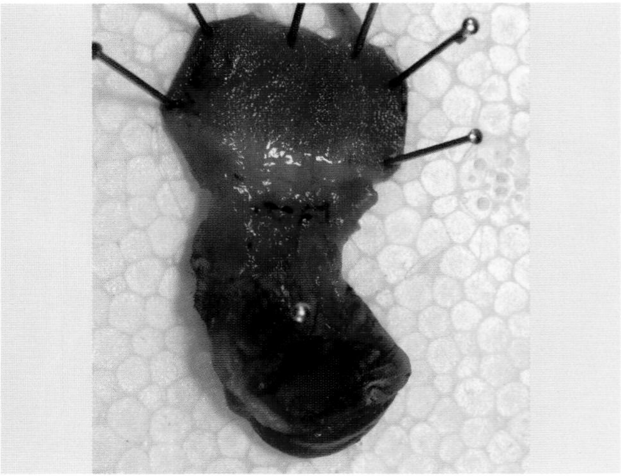

图 4-7-5 腺胃黏膜出血

图 4-7-6 心肌出血

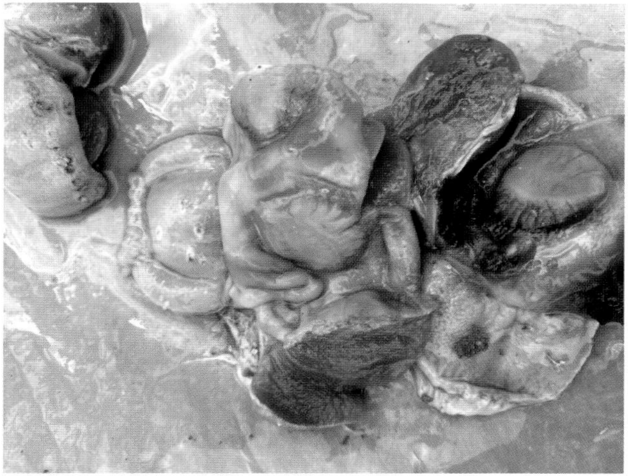

图 4-7-7 肌胃角质膜糜烂，腺胃有溃疡

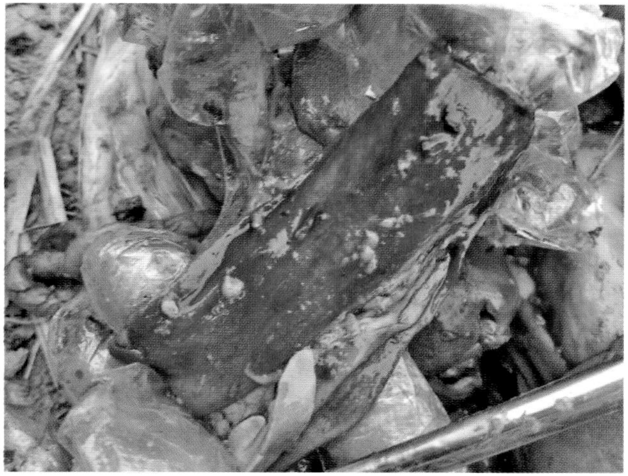

图 4-7-8 肠道黏膜出血

诊断要点

1）有过量使用磺胺类药物的病史，或用药时间过长。

2）病鹅腹泻、呼吸加快，出现头颈扭曲、麻痹、痉挛等神经症状。

3）骨髓颜色变浅，有时变黄。

4）肝脏、肠道黏膜有出血斑。

防控措施

（1）预防 在使用磺胺类药物时一定要按兽医处方和说明使用，不要随意加大剂量和增加疗程。用药时间不宜过长，一般不超过 5 天。在混饲给药过程中，一定要搅拌均匀，采用倍比稀释法逐步扩大稀释比例。为减少磺胺类药物毒副作用，可在饮水中添加 0.2% 碳酸氢钠，并且在饲料中同时添加保肝中药和维生素 K_3。

（2）治疗 对发病鹅群应立即停止使用磺胺类药物，在饮水中添加碳酸氢钠（含量为 0.5%~1%）和葡萄糖（含量为 5%），每千克饲料中添加 0.5 毫克维生素 K，饲料中其他维生素加倍，包括维生素 C、维生素 B_{12} 等。早期中毒可用车前草和甘草糖水，让鹅自由饮用。

2. 有机磷农药中毒

有机磷农药中毒是由于鹅误食施用过有机磷农药的蔬菜、谷类或误饮被有机磷农药污染的沟水等原因而引起的一种中毒性疾病。有机磷制剂进入体内后使机体胆碱酯酶活性受到抑制，使乙酰胆碱沉积而引起一些神经症状。常见的有机磷农药有敌百虫、乐果、棉安磷等。

利用有机磷制剂驱虫，用药剂量过大可引起中毒。在鹅舍附近喷洒农药，农药随风进入鹅舍，也可引发中毒。避免人为投毒。

临床症状

大多数病鹅发生急性中毒，表现为突然拍翅、抽搐、死前有惊厥现象。病程稍长者表现出精神不安，双脚无力，伏卧，两翅下垂，肌肉震颤。渴欲增加，流涎。有的表现出流泪，瞳孔缩小，呼吸困难，伸颈抬头，张口呼吸，鼻腔有浆液性鼻液。慢性中毒的病鹅表现为食欲不振，日渐消瘦，出现下痢，排出水样灰白色稀粪。有的眼半闭，结膜苍白，瞳孔放大，呈昏迷状态。

图 4-7-9 病鹅流涎

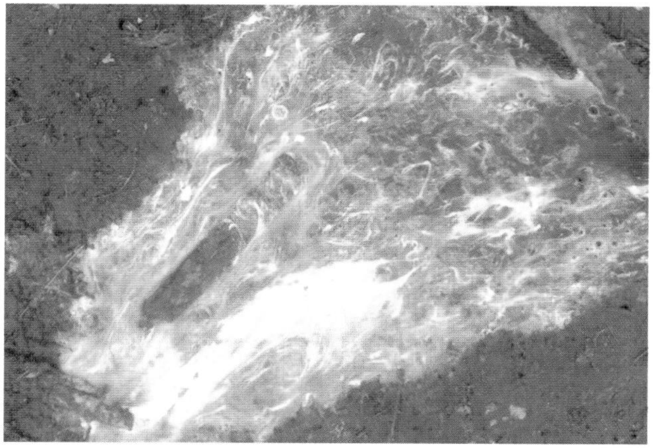

图 4-7-10 排灰白色稀粪

病理变化

剖检病死鹅，可见血凝不良。肝脏、脾脏肿大、呈暗紫色，质地变脆，胆囊肿胀。胃内有少量青草和碎砂石，腺胃黏膜充血、出血、肿胀、糜烂；嗉囊、胃肠内容物有大蒜味。小肠前段肠黏膜充血、出血。肺充血、出血、肿胀，支气管内有白色泡沫。心肌、心冠脂肪出血。血液呈酱油色。肾脏肿大、弥漫性出血。

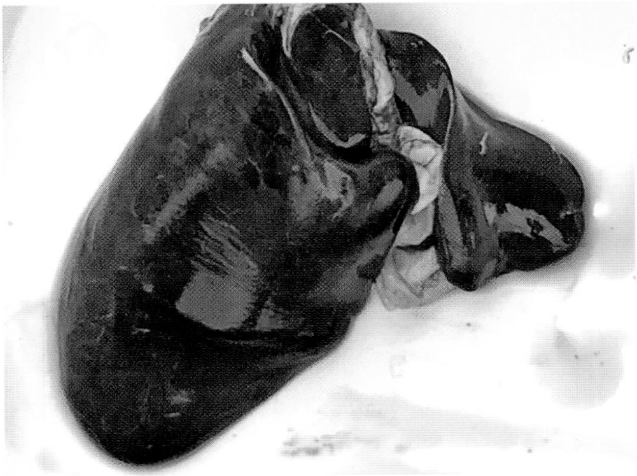

图 4-7-11 肝脏肿大、呈暗紫色

图 4-7-12 心冠脂肪出血，肾脏出血

诊断要点

1）病鹅有接触被有机磷农药污染的饲料、饮水、空气等物质的病史。胃肠内容物有大蒜味。

2）取病死鹅食道膨大部或胃的内容物、可疑的饲料进行检测，有机磷农药含量超标。

3）病鹅流涎，有的表现出流泪，瞳孔缩小。

防控措施

（1）预防 在探索林地养鹅时，应考虑到使用农药对鹅的危害，做到绿色生态养殖，避免不必要的经济损失。喷洒过有机磷农药的草地、农田、菜地禁止放牧，农药污染的蔬菜、瓜果不能饲喂鹅。

（2）治疗 发现鹅中毒，立即停喂可疑饲料和饮水。每只鹅 1 次量注射硫酸阿托品 0.1~0.2 毫克 /

千克体重，症状严重者，15 分钟后再用药 1 次；同时肌内注射解磷定 1 毫升（每支 20 毫升，含解磷定 0.5 克），并隔离饲养，便于观察。对经皮肤或口腔中毒者，迅速用 5% 碳酸氢钠溶液或 1% 食醋洗涤皮肤或灌服。对尚未出现症状的，每只鹅口服 1 毫升阿托品。用药后，病鹅恢复良好。对死亡的鹅采取焚烧和深埋方式进行无害化处理。

八、鹅中暑

中暑又称日射病或热射病，是鹅在高温环境下，由于体温调节及生理机能紊乱而发生的一系列异常反应，生产性能下降，严重者导致热休克或死亡。

病因

夏季天气炎热，长时间在烈日下放牧，容易中暑。舍内通风不良、闷热潮湿或鹅群密度过大，也容易发生本病。

临床症状

病鹅表现为烦躁不安，张口呼吸，体温升高，食欲废绝，两翅张开下垂。成年鹅鹅头颈扭曲，呈昏迷状态，雏鹅前倾后仰，站立不稳，痉挛。

图 4-8-1　鹅舍内温度高，鹅表现为烦躁不安，张口呼吸

病理变化

典型的病变是大脑皮质及脑膜充血、出血，脑血管充盈呈树枝状，严重的脑膜呈粉红色。心室内充盈血液，心房扩张、瘀血严重，血液凝固不良。肝脏质地柔软；胆囊充盈。脾脏坏死。肺瘀血、出血、水肿。有的十二指肠出血。胰腺出血、坏死。卵泡充血、出血。

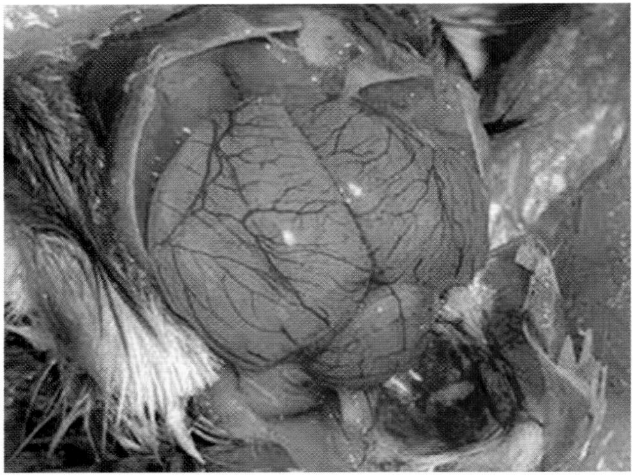

图 4-8-2 脑膜充血、出血

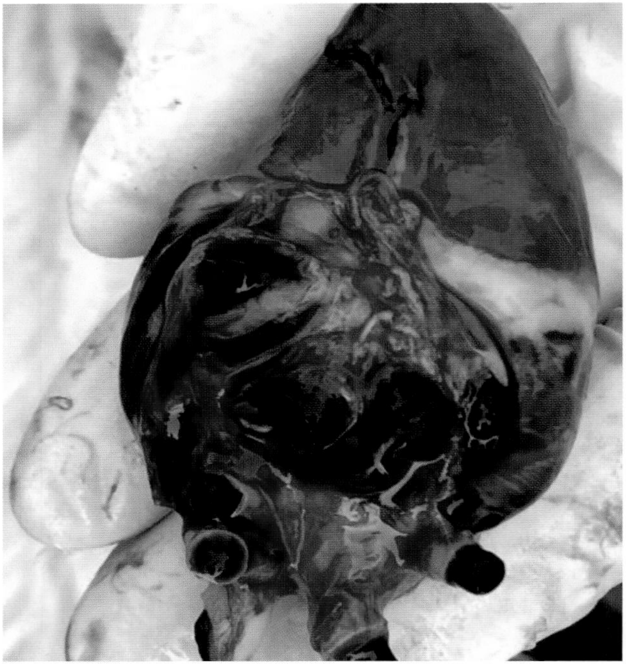

图 4-8-3 心脏充盈，心房扩张、瘀血

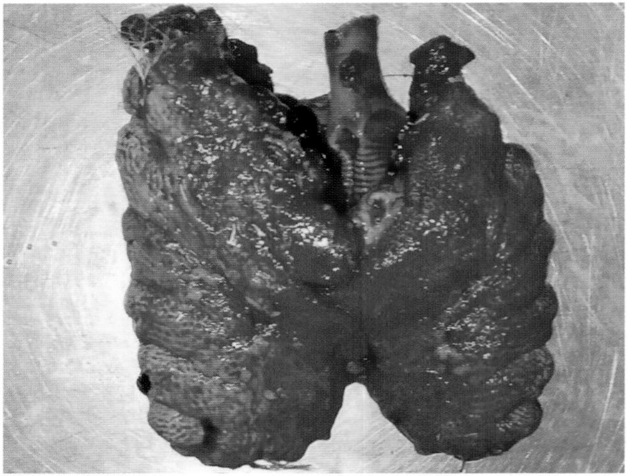

图 4-8-4 肺瘀血、出血

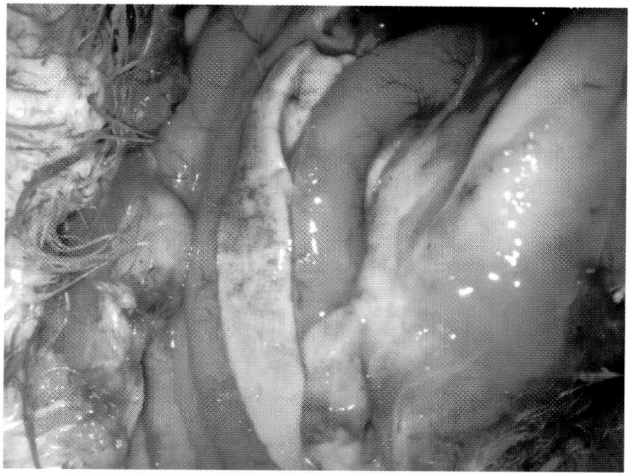

图 4-8-5 胰腺出血、坏死

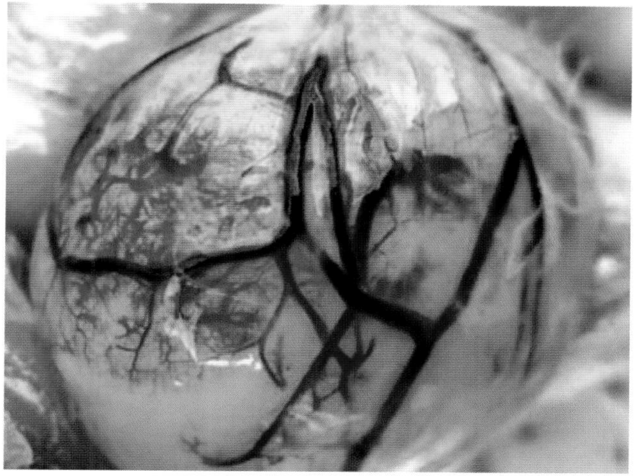

图 4-8-6 卵泡充血、出血

诊断要点

1）烈日长时间照射或环境温度高于 36℃，鹅群可能发生中暑。

2）环境温度超过 40℃，鹅群可发生大批死亡。

3）剖检刚死亡病鹅，内脏器官温度高，触之烫手。

防控措施

（1）**预防**　鹅舍要设置水帘，使空气温度降低。棚舍要通风凉爽，避免阳光的暴晒，降低饲养密度，保证充足饮水，放牧时应早出晚归，避免中午放牧。运动场可搭盖凉棚，并且要供给充足、清洁的饮水。圈养鹅可采用湿帘风机系统，及时降低鹅舍温度。

（2）治疗 对发病鹅群应立即进行急救，将全群赶下水塘降温或赶到阴凉的地方。也可将个别病鹅放入冷水中短时间浸泡或向鹅体表洒水。并将复合维生素加 5% 红糖水混合，强制鹅饮水，每天 3 次。也可给鹅口服仁丹（每只 1 颗）或十滴水（稀释 5~10 倍，每只 1 毫升）等药物。

中暑严重的鹅可把脚趾上的静脉血管用针刺破放血。向鹅的头部缓淋冷水，并快速用 2% 的十滴水溶液灌服 4~5 毫升，之后将鹅慢慢赶到阴凉处休息。有神经症状的鹅，肌内注射 2.5% 氯丙嗪 0.5~1 毫升。

图 4-8-7 鹅舍内设有湿帘风机系统

九、鹅异食癖

鹅异食癖是鹅的一种异常行为，由于营养、环境和疾病等多种因素引起的一种复杂的多种疾病的综合征。本病的类型很多，临床上常见的有啄羽、啄肛、啄蛋、啄趾、异食等。鹅群一旦发生本病，往往持续存在。

病因

本病的病因较复杂，在下列条件下，比较容易发生。

（1）饲料中营养物质缺乏或者比例失调 饲料中缺乏蛋白质或某些必需氨基酸，如蛋氨酸和色氨酸缺乏；饲料中缺乏某些矿物质，如饲料中的锌含量低于 40 毫克 / 千克，饲料中钙、磷缺乏或比例失调；饲料中缺乏维生素，尤其是缺乏维生素 D、维生素 B_{12} 和叶酸等；饲料中氯化钠含量低于 0.5%；饲料中的粗纤维成分不足，饲料中的粗纤维含量不应超过 5%，但如果粗纤维含量过低，就容易发生本病。

（2）饲养管理不善 饲养密度太大、光线太强、鹅舍内相对湿度太低、空气过于干燥。饲槽或饮水器不足，或停水、停料时间过长。

（3）寄生虫感染 螨、虱等体外寄生虫感染时，鹅会啄自己的皮肤和羽毛，或将身体在粗硬的物体上摩擦，并由此引起创伤，而诱发异食癖。

临床症状

（1）啄羽 啄羽最常发生。幼龄期和生长期多发生在换羽时，产蛋期多发生在产蛋高峰期和换羽期。病鹅个别自食或互相啄食羽毛，随之很快传播开，背部、颈部羽毛稀疏残缺。

（2）啄肛 产蛋期的母鹅多发生。尤其是产蛋后期，由于腹部韧带和肛门括约肌松弛，产蛋后不能及时收缩回去而留露在外，邻鹅啄之，严重者造成死亡。

（3）啄蛋 多发生在产蛋高峰期，表现为啄食蛋。

（4）啄趾 大多发生在幼龄鹅戏耍时，相互追啄，互相啄食脚趾，引起出血或跛行症状。

（5）异食 主要表现为采食异物，如采食泥块、碎砖瓦砾，或者采食被粪尿污染的羽毛、垫料等。

图 4-9-1 朗德鹅啄羽

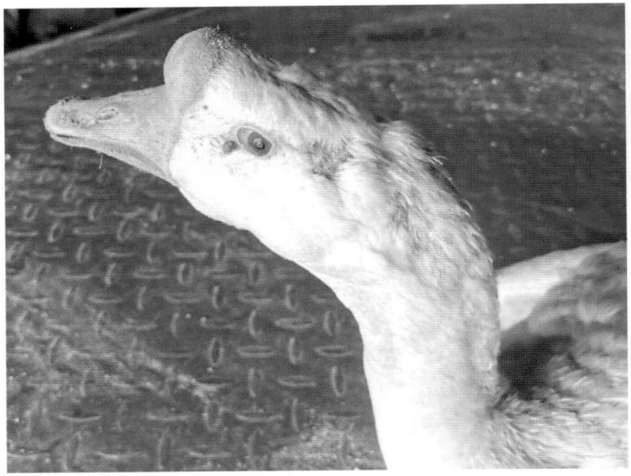

图 4-9-2 成年鹅啄羽

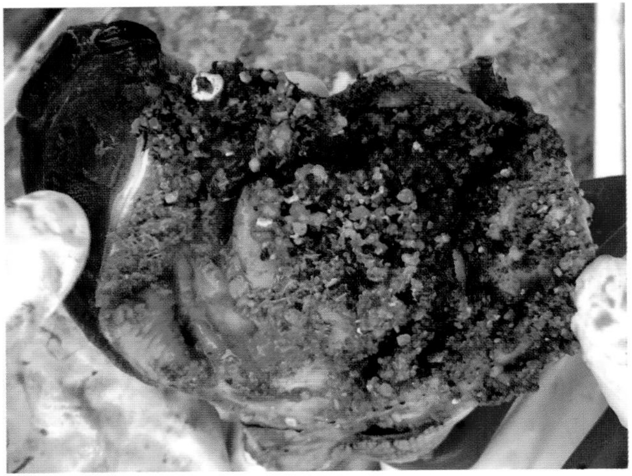

图 4-9-3 采食大量异物

病理变化

剖检内脏无明显病变。

诊断要点

1）鹅群出现啄羽、啄肛、啄蛋、啄趾等异常现象。

2）采食异物，如采食泥块、碎砖瓦砾，或者采食被粪尿污染的羽毛、垫料等。

防控措施

（1）预防 加强饲养管理，使用全价日粮。积极治疗原发病。饲料配方应力求全价和平衡，特别要注意鹅对蛋白质、蛋氨酸、色氨酸、维生素 D、维生素 B，以及钙、磷、锌、硫的需要。饲养密度要合理。避免强烈的日光照射或反射。及时杀灭鹅体表的寄生虫。在有条件的地方可以放牧饲养，或在运动场内悬挂青菜、青草等，使鹅自由啄食，平养的鹅群在离地面一定高度悬挂颜色鲜艳的物体也有一定的预防作用。

（2）治疗　发现鹅群发生本病时，应尽快查明引起本病的具体原因，及时排除。隔离有啄癖的鹅；及时移走被啄伤的鹅。增加蛋白质、含硫氨基酸、维生素的用量。

① 氯化钠：在饮水中添加 2% 氯化钠，每日半天，连用 2~3 天。

② 生石膏：在饲料中加生石膏（硫酸钙），每只每天 0.5~3 克，连用 3~4 天。

③ 小苏打（碳酸氢钠）：在饲料中添加 1% 小苏打（碳酸氢钠），连用 3~5 天。

图 4-9-4　放牧饲养，能减少异食癖

十、鹅卵黄性腹膜炎

鹅卵黄性腹膜炎是由大肠杆菌、禽流感病毒、惊吓等应激因素引起的产蛋母鹅常见的一种疾病。本病在产蛋初期通常呈零星发生，在产蛋高峰期有时发病较高，由于卵巢、输卵管感染细菌、病毒等原因，导致生殖机能紊乱，卵泡破裂，卵黄流入腹腔，引起卵黄性腹膜炎。

本病发病率高低不一，病死率极高。死亡率有时可占母鹅群总数的 10% 以上，往往给养鹅者造成较大经济损失。

临床症状

患病母鹅行走困难，往往在地上蹲伏，精神沉郁，食欲废绝，羽毛杂乱且失去光泽，不愿运动或放牧时易掉队，不主动下水或者下水后紧急上岸；腹部明显膨大、垂腹，有时呈企鹅样走动。有的腹泻。产软壳蛋、薄壳蛋、畸形蛋数量增多，产蛋率明显下降。有的停止产蛋。病鹅排白色的稀粪，肛门四周的羽毛上常黏有粪便。有的病鹅明显脱水，眼球下陷，蹼、喙干燥且发黄，病程后期由于极度衰竭而死。

图 4-10-1 病鹅不愿运动，腹泻

病理变化

肠系膜有大小不等的出血点。卵巢变形、萎缩，卵泡呈红色、灰色或者酱色，并出现变形，卵黄积留在腹腔时间较长的凝固成硬块，破裂的卵黄则凝结成大小不等的小块或碎片。输卵管黏膜存有小出血点，并沉着浅黄色的纤维素性渗出物，有时输卵管内滞留有软壳蛋，且蛋壳表面比较粗糙。有时可见肠管表面有蛋黄样液体或干酪样凝固物，导致肠管粘连或肠管与其他脏器粘连，有特殊气味。

图 4-10-2　病鹅腹部明显膨大、垂腹

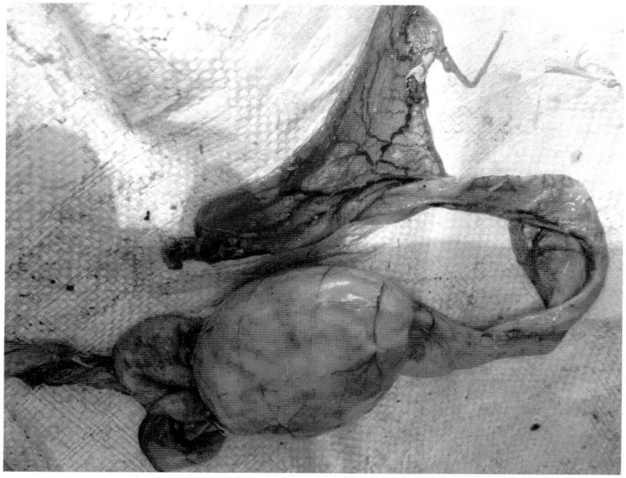

图 4-10-3　输卵管出血，管腔内滞留有软壳蛋

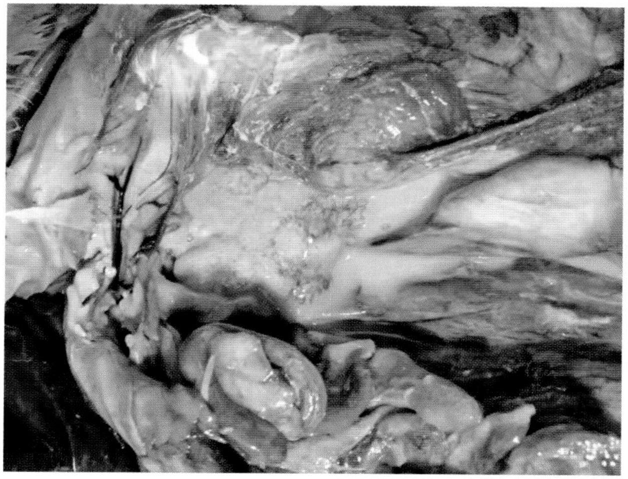

图 4-10-4　腹腔内脏器表面有蛋黄样液体

诊断要点

1）腹部明显膨大、下垂，往往呈企鹅样走动。

2）卵黄破裂，腹腔内有蛋黄样液体或干酪样凝固物，有时出现腹腔内脏器粘连。

防控措施

（1）预防

1）加强饲养管理，减少惊群等应激因素。

2）科学调制饲料，尤其是在鹅产蛋前期，不能喂给过多的蛋白质饲料。在产蛋旺季增喂多种维生素，比平常用量多 40%~60%。每天将 200 克氯化钙溶于 10 千克水中，供鹅饮用，连用 7~10 天。

3）积极预防鹅输卵管炎。在母鹅开产前 1 个月，每只成年公、母鹅胸肌注射鹅大肠杆菌灭活菌苗 1 毫升，春、秋季各 1 次。开产前用抗菌药预防。

① 复方阿莫西林粉（50 克含阿莫西林 5 克 + 克拉维酸 1.25 克）：0.5 克 / 千克水，混饮，连用 3~5 天。

② 复方磺胺二甲嘧啶钠可溶性粉（100 克含磺胺二甲嘧啶钠 10 克 + 甲氧苄啶 2 克）：5 克 / 千克水，混饮，连用 3~5 天。

4）平时加强鹅场的清洁卫生工作，及时清理粪便并无害化处理。定期消毒地面、饲槽。注意饮水卫生，种鹅放养的水质要清洁。禁喂霉变、腐败的饲料。鹅场内的斜坡不能太陡、太滑，否则产蛋期的鹅每次下水和上岸会出现滑跌或跳跃，致使输卵管里的蛋破裂或卵黄误入腹腔。

5）及时淘汰病鹅。发现垂腹而且长期不产蛋的母鹅，应及时予以淘汰。

（2）治疗

1）隔离病鹅，及时做药敏试验，筛选敏感药物。清扫鹅舍、运动场，每天用过氧乙酸进行 1~2 次喷雾消毒。

2）药物治疗。

① 庆大霉素：1 次量，5 毫克（5000 国际单位）/ 千克体重，肌内注射，每天 2 次，连用 3 天。

② 多西环素：混饮，每升水加入多西环素 300 毫克，连用 3~5 天。产蛋期禁用。

③ 盐酸二氟沙星粉：以二氟沙星计，内服，5~10 毫克 / 千克体重，每天 2 次，连用 3~5 天。

④ 青霉素、链霉素：每千克体重各 5 万国际单位，每天 1 次，3 天为 1 个疗程。

⑤ 电解多维：饮水添加，混合均匀后任鹅群自由饮用，连续使用 5 天。

十一、鹅输卵管炎

鹅输卵管炎常发生于产蛋鹅，主要是由于条件致病性大肠杆菌感染引起，或饲料中缺乏维生素、动物性饲料过多等，也可引起或促使输卵管炎的发生。临床上以输卵管分泌大量白色或黄白色脓样物从泄殖腔排出为特征，在健康鹅群中发现有以大肚子为特征的病鹅。

临床症状

患病母鹅精神沉郁，羽毛松乱，腹部膨大呈企鹅样，呆立不安，行动迟缓，触摸腹部坚实或有波动感、无弹性、肌肉松弛。病鹅消瘦，排黄白色脓样分泌物，多产软壳蛋和沙壳蛋或畸形小蛋，蛋壳上常常带有血迹，产蛋困难、有痛感。随着病情的发展，病鹅开始发热，痛苦不安，有的腹部靠地或昏睡，当炎症蔓延到腹腔时可引起腹膜炎，或输卵管破裂引起卵黄性腹膜炎。有时可见病鹅泄殖腔出血、坏死、脱出。

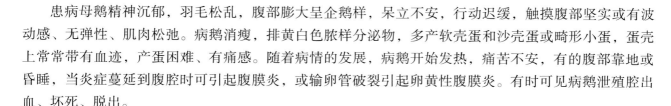

图 4-11-1 病鹅腹部膨大呈企鹅样

图 4-11-2 病鹅腹部膨大

图 4-11-3 病鹅泄殖腔出血、坏死、脱出

病理变化

病变发生在生殖器官，剖检可见输卵管极度膨大，内充满灰白色脓样物或纤维素性固体物。卵巢肿胀，出现充血，卵泡膜松弛，卵泡变形，卵泡膜充血、易破裂。病鹅普遍伴随有广泛的腹膜炎症状，腹膜与肠粘连，充血和大量黄色纤维素性渗出物附着，腹水严重。个别鹅整个腹腔充满蛋黄液和蛋黄块，味恶臭，有的还出现肝周炎、心包炎等病变。公鹅阴茎发炎、坏死、肿大、充血。

图 4-11-4 输卵管极度膨大，充满脓样物

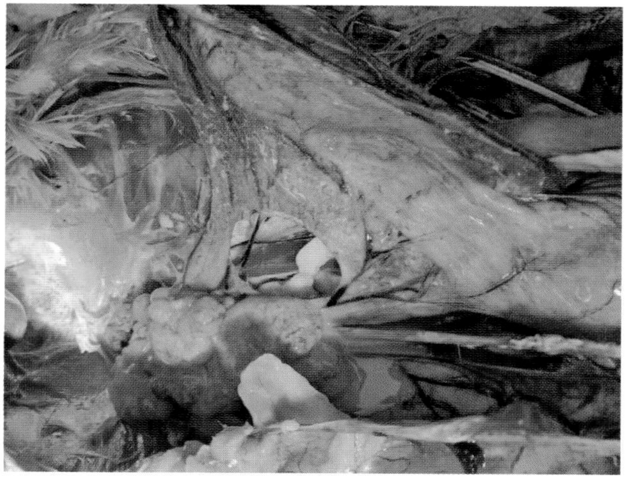

图 4-11-5 输卵管增粗，卵泡变形，易破裂

诊断要点

1）病母鹅精神沉郁，羽毛松乱，腹部膨大呈企鹅样。

2）输卵管极度膨大，输卵管黏膜出血，内充满灰白色脓样物或纤维素性固体物。

防控措施

1）本病要注意早期预防和控制，平时加强饲养管理，采用全价饲料，应激时适量补充多种维生素，注意搞好环境卫生，做好鹅舍的消毒工作。如果发现泄殖腔内有卵滞留，可向泄殖腔内灌入油类，帮助其将卵排出体外。

2）及时分离病原菌，通过药敏试验筛选敏感药物。常用药物有：庆大霉素、氟苯尼考、黏杆菌素、氨苄西林、青霉素、土霉素、甲磺酸达氟沙星等。

如果是细菌感染引起的，可用敏感抗生素配合中草药（如黄连、黄芩、板蓝根、穿心莲、黄檗等），按每千克日粮1克中草药，拌料饲喂，连用5天。在饮水中添加电解多维、维生素C（按0.1%配成），连用5天。

① 硫酸庆大－小诺霉素注射液：以硫酸庆大－小诺霉素计，肌内注射，1次量，2~4毫克/千克体重，每天2次，连用3天。

② 硫酸庆大可溶性粉：以硫酸庆大霉素计，混饮，2克/升水，连用3~5天。

③ 硫酸新霉素溶液：以新霉素计，混饮，50~75毫克/升水，连用3~5天。

④ 盐酸二氟沙星粉：以二氟沙星计，内服，5~10毫克/千克体重，每天2次，连用3~5天。

图4-11-6 保持饮水卫生，减少大肠杆菌感染

图4-11-7 做好鹅舍的卫生消毒工作

附　录

附录 A　被皮、运动和神经系统疾病的鉴别诊断

病名		鉴别诊断									
	易感日龄	流行季节	群内传播	发病率	死亡率	主要症状	主要病变	脑膜	关节	眼	皮肤
鹅坦布苏病毒感染	全龄；幼龄鹅更易感	四季均发	快	100%	肉鹅10%~55%，产蛋鹅1%~5%	腹泻，瘫痪，腹部朝上，产蛋减少	肝脏、脾脏、心脏出血，肺水肿、出血	脑膜水肿、软化、出血	基本正常	基本正常	基本正常
高致病性禽流感	全龄；幼龄鹅更易感	四季均发，冬、春季多发	快	较高	90%~100%	头颈部肿大，流泪，瘫痪、共济失调	肺出血，心肌炎，腺胃出血，胰腺出血、坏死	脑膜出血	基本正常	肿胀、出血，流泪	腿、脚皮肤出血
鹅副黏病毒病	全龄；幼龄鹅更易感	四季均发，冬、春季多发	快	90% 以上	雏鹅90%~100%	结膜炎，下痢，扭颈、转圈	小肠黏膜有大小不一的溃疡灶	脑膜出血，非化脓性脑炎	基本正常	流泪	出血

（续）

病名	鉴别诊断									
	易感日龄	流行季节	群内传播	发病率	死亡率	主要症状	主要病变	脑膜	关节	眼	皮肤
鸭疫里氏杆菌病	多发于60日龄以内的雏鹅	四季均发，冬、春季多发	快	90%以上	5%~80%	结膜炎，下痢，点头、摇头、痉挛	心包炎，肝周炎	脑膜出血，纤维素性脑膜炎	关节肿大，关节腔积液	眼睛分泌物增多	病程长的有坏死性皮炎
鹅葡萄球菌病	全龄；幼龄鹅更易感	四季均发	幼龄鹅传播快	较高	较高	脐炎，关节炎	肝脏有坏死灶，肺呈紫红色	脑膜有时出血	跗、跖关节肿大、呈紫黑色	有时造成眼睛感染	皮肤呈紫黑色、浮肿、出血
鹅维生素E缺乏症	1~6周龄发病多	四季均发	不传染	较高	较高	共济失调，腿麻痹	胸肌、腿肌有灰白色坏死条纹	小脑质软、变形，大脑局部坏死	基本正常	基本正常	皮下呈蓝绿色水肿
鹅维生素B_1缺乏症	全龄；幼龄鹅发病更重	四季均发	不传染	较高	较高	共济失调，转圈，呈观星姿势	胃肠炎症，卵巢萎缩	基本正常	基本正常	基本正常	皮肤水肿
鹅维生素D缺乏症	全龄；幼龄鹅发病更重	四季均发	不传染	较高	一般	行走困难，喙变软，软壳蛋增多	胸骨弯曲变形，长骨易折弯、不易折断	基本正常	跗关节增生、肿大	基本正常	基本正常

（续）

病名		鉴别诊断									
	易感日龄	流行季节	群内传播	发病率	死亡率	主要症状	主要病变	脑膜	关节	眼	皮肤
鹅钙、磷缺乏症	全龄；幼龄鹅发病更重	四季均发	不传染	较高	一般	瘫痪，无力运动，软壳蛋增多	肋骨与肋软骨形成串珠样	基本正常	跗关节触地，采食、行动不便	基本正常	基本正常
鹅黄曲霉毒素中毒	全龄；2~6周龄鹅发病更重	四季均发，雨季多发	不传染	较高	幼龄鹅死亡率高	贫血，腹泻，痉挛，消瘦	肝脏肿大、色浅苍白，腺胃出血	基本正常	基本正常	基本正常	基本正常
鹅一氧化碳中毒	全龄；幼龄鹅发病常见	四季均发，冬季多发	不传染	较高	较高	震颤，呼吸困难，痉挛	血液呈樱桃红色	脑水肿、充血	基本正常	基本正常	基本正常
鹅食盐中毒	全龄；幼龄鹅发病常见	四季均发	不传染	较高	较高	饮水增多，腹泻，运动失调，抽搐	胃肠黏膜出血，肺水肿	脑水肿、充血	基本正常	基本正常	基本正常

附录 B 消化系统疾病的鉴别诊断

病名	鉴别诊断									
	发病日龄	流行季节	群内传播	发病率	死亡率	主要症状	食道	腺胃	肠道	脾脏	肝脏
鸭瘟	全龄；幼龄鹅更易感	四季均发	快	100%	肉鹅80%，产蛋鹅10%	结膜炎，下痢	食道出血、有假膜覆盖	腺胃出血	肠道环状出血	有灰白色坏死点	有出血点、坏死灶
小鹅瘟	4~20日龄	四季均发，冬、春季多发	快	100%	10%~100%	腹泻，呼吸用力，死前抽搐	正常	正常	回肠、空肠内有纤维素性栓子	质地柔软，不肿大	稍肿大，质地变脆
鹅副黏病毒病	全龄；幼龄鹅更易感	四季均发，冬、春季多发	快	较高	雏鹅90%~100%	结膜炎，腹泻，扭颈、转圈	正常	腺胃乳头出血	肠黏膜出血，有溃疡灶	肿大、有白色坏死灶	瘀血、肿大，有坏死灶
禽副伤寒	全龄；30日龄以内多发	四季均发	快	较高	10%~20%	腹泻，后期角弓反张，抽搐	正常	正常	小肠黏膜出血，坏死。盲肠栓塞	肿大，有灰白色坏死灶	肿大、呈古铜色，有灰白色坏死灶
禽霍乱	全龄；中幼鹅多发	四季均发	快	较高	较高	摇头，腹泻，关节炎	正常	腺胃黏膜出血、脱落	肠黏膜出血、坏死	肿大，有灰白色坏死点	肿大，有灰白色坏死点
鹅大肠杆菌病	全龄；中幼鹅多发	四季均发	快	20%~100%	10%以上	腹泻，结膜炎，关节炎	正常	腺胃黏膜出血	肠黏膜出血	肿大	肝周炎

（续）

病名	鉴别诊断										
	发病日龄	流行季节	群内传播	发病率	死亡率	主要症状	食道	腺胃	肠道	脾脏	肝脏
鹅球虫病	1~7 周龄多发	四季均发	快	13%~100%	6%~9%	腹泻，粪便带血	正常	正常	肠黏膜出血，肠管增粗	正常	正常
鹅呼肠孤病毒病	1~10 周龄	四季均发	快	10%~70%	2%~60%	跗关节和跖关节肿大	正常	正常	肠黏膜出血	肿大，有密集的灰白色坏死点	肿大，有密集的灰白色坏死点
鹅腺病毒感染	3~30 日龄雏鹅多发	四季均发	快	10%~50%	90% 以上	腹泻，呼吸困难	正常	正常	小肠卡他性出血性坏死性肠炎，有栓子	瘀血、出血	瘀血、出血
鹅念珠菌病	幼龄鹅多发，成年鹅抵抗力强	四季均发	快	较高	较高	食道部膨大，吞咽困难，下痢	食道黏膜增厚，有白色、圆形隆起的溃疡	正常	正常	正常	正常
鹅痛风	幼龄鹅较成年鹅发病重	四季均发	快	较高	较高	腹泻，排白色稀粪，关节肿大，跛行，产蛋减少	正常	腺胃表面有大量尿酸盐沉积	肠管表面有大量尿酸盐沉积	脾脏表面有大量尿酸盐沉积	肝脏表面有大量尿酸盐沉积
鹅磺胺类药物中毒	全龄；幼龄鹅更易感	四季均发	不传染	较高	较高	饮水增多，腹泻，痉挛，贫血，产蛋减少，软壳蛋增多	正常	腺胃黏膜出血	肠黏膜出血	肿大，有出血点和梗死区	肿大、出血

附录 C　呼吸系统疾病的鉴别诊断

病名	鉴别诊断										
	发病日龄	流行季节	群内传播	发病率	死亡率	主要症状	主要病变	气管、肺	眼	肝脏、脾脏	胃肠道
鹅曲霉菌病	4~12 日龄多发	四季均发	快	较高	较高	呼吸困难，张口呼吸	喉头气管出血，肾脏出血	肺和气囊有霉菌结节	有时可见霉菌性眼炎，分泌物增多	肝脏肿大	胃肠道黏膜出血
鹅传染性鼻窦炎	2~4 周龄的鹅最易感，成年鹅发病少	四季均发	快	较高	较低	一侧或两侧眶下窦肿胀，产蛋率下降	眶下窦黏膜出血、肿胀，呼吸道黏膜水肿、充血	气管内分泌物增多	眼睑肿胀，结膜炎	基本正常	基本正常
鹅毛滴虫病	幼龄鹅发病较成年鹅重	四季均发，春、秋季多发	快	较高	较高	呼吸困难，腹泻，消瘦	输卵管炎，口腔黏膜有小干酪样病灶，有时可见干酪样物堵塞食道	正常	正常	肝脏肿大、呈黄色或褐色	肠道后段有溃疡
鹅气管比翼线虫病	幼龄鹅多发	四季均发，散养多发	快	较高	较高	呼吸困难，张口呼吸，腹泻，排红色粪便，咳嗽、打喷嚏，口内有泡沫性黏液	贫血，血液稀薄	气管黏膜上有虫体附着，有时堵塞气管；肺出血、水肿有大量虫体	正常	正常	肠道弥漫性出血，盲肠、直肠肠壁上有虫体

（续）

病名	鉴别诊断										
	发病日龄	流行季节	群内传播	发病率	死亡率	主要症状	主要病变	气管、肺	眼	肝脏、脾脏	胃肠道
禽流感	全龄；幼龄鹅更易感	四季均发，冬、春季多发	快	较高	1%~95%及以上	头颈部肿大，流泪，腹泻，呼吸困难	心肌炎，输卵管炎，脑膜炎	气管出血，肺出血，支气管有栓塞物	流泪，有时可见泡沫样分泌物	肝脏肿大，有时可见坏死灶	腺胃乳头出血，肠黏膜出血
禽霍乱	全龄，中幼鹅多发	四季均发	快	较高	较高	摇头，腹泻，呼吸困难，咳嗽，气喘，口鼻有白色黏液或泡沫，关节炎	心内、外膜出血，心包积液，心冠脂肪出血	气管和肺出血、水肿，有时有纤维素性渗出物，有的为纤维素性坏死性肺炎	眼结膜出血	肝脏肿大、呈土黄色，有大小不一的坏死灶；脾脏肿大、呈紫黑色	小肠黏膜充血、出血，盲肠黏膜有溃疡
禽副伤寒	全龄；30日龄以内多发	四季均发	快	较高	10%~20%	腹泻，呼吸困难，共济失调	卵黄吸收不良，气囊炎	气管出血，肺出血	流泪，分泌物增多	肝脏、脾脏肿大，表面有灰白色坏死灶	肠黏膜出血
鹅结核病	老龄鹅多发	四季均发	快	高	较低	消瘦，腹泻，呼吸困难，产蛋减少	骨髓、卵巢、睾丸、腹膜也可见到结核结节	肺有灰白色或黄白色结核结节	常无变化	肝脏、脾脏有灰白色或黄白色结核结节	肠道有灰白色或黄白色结核结节

（续）

病名	鉴别诊断									
	发病日龄	流行季节	群内传播	发病率	死亡率	主要症状	主要病变	气管、肺	眼	肝脏、脾脏	胃肠道
鹅渗出性败血症	幼龄鹅多发，尤其是20日龄以内的鹅	四季均发，春、秋季多发	快	较高	较高	呼吸困难，流鼻液，甩头	呼吸道有明显的纤维素性物渗出	肺、气囊有纤维素性分泌物	流泪	肝脏、脾脏、瘀血、肿大，脾脏有时有灰白色坏死灶	肠黏膜充血、出血

附录 D　产蛋率下降疾病的鉴别诊断

病名	鉴别诊断										
	发病日龄	流行季节	群内传播	发病率	死亡率	主要症状	主要病变	卵泡、输卵管	气管、肺	肝脏	胃肠道
鹅圆环病毒感染	全龄	四季均发	较快	较高	较低	腹泻，羽毛囊坏死，产蛋率下降	贫血，法氏囊萎缩，骨髓变为黄色	卵泡异常	肺贫血、呈浅红色	萎缩	胃肠道萎缩
禽流感	全龄；幼龄鹅更易感	四季均发，冬、春季多发	快	较高	1%~95% 及以上	头颈部肿大，流泪，腹泻，产蛋率严重下降	心肌坏死，胰腺液化、坏死，腹部脂肪出血	卵泡变形、出血、易破裂，输卵管出血、水肿、分泌物增多	气管和肺出血	出血、肿大，有时可见坏死灶	腺胃乳头出血，肠道黏膜出血
鸭瘟	全龄；幼龄鹅更易感	四季均发	快	100%	肉鹅 80%，产蛋鹅 10%	结膜炎，腹泻，产蛋率严重下降，肛门水肿	食道和泄殖腔黏膜出血，有假膜覆盖	卵泡变形、出血	气管和肺出血	有出血点和坏死灶	肠道有环状出血带
鹅副黏病毒病	全龄；幼龄鹅更易感	四季均发，冬、春季多发	快	较高	雏鹅 90%~100%	结膜炎，腹泻，产蛋率下降	脾脏肿大，有芝麻大坏死灶	卵泡变形、出血，输卵管出血	气管和肺出血	肿大、瘀血	肠道黏膜有纤维素性结痂，剥离后有出血面

（续）

病名	鉴别诊断									
	发病日龄	流行季节	群内传播	发病率	死亡率	主要症状	主要病变	卵泡、输卵管	气管、肺	肝脏	胃肠道
鹅坦布苏病毒感染	全龄；幼龄鹅更易感	四季均发	快	较高	肉鹅10%~55%，产蛋鹅1%~5%	瘫痪，产蛋减少，甚至绝产，孵化率下降，采食量大幅下降	胰腺水肿、出血	卵泡变形、萎缩、出血，卵泡易破裂，形成卵黄性腹膜炎	肺水肿、出血	肿大、出血	腺胃出血，肠道卡他性炎症
鹅大肠杆菌病	全龄；中幼鹅多发	四季均发	快	20%~100%	10%以上	腹泻，排泄物中有蛋清样物，脱水，阴茎红肿，有溃疡或坏死结节	心包炎，气囊炎	卵巢萎缩，卵泡充血、出血、易破裂，输卵管扩张，充满炎性渗出物	肺水肿、出血，表面有纤维素性分泌物	肿大、出血，表面有纤维素性分泌物	腺胃出血，肠道黏膜出血
禽霍乱	全龄；中幼鹅多发	四季均发	快	较高	较高	频繁摇头，腹泻，呼吸困难，产蛋率下降	心冠脂肪出血，心包积液	卵泡充血、出血	肺出血，纤维素性坏死性肺炎，气管出血	肿大、质脆，有很多灰白色坏死灶	肠道黏膜出血
鹅坏死性肠炎	全龄	四季均发	快	较高	较高	产蛋率下降，腹泻，血便	脾脏肿大、出血、呈紫黑色，个别气管、喉头出血	输卵管中有干酪样物	个别气管有黏液，喉头出血	肿大、呈土黄色，有很多大小不一的坏死斑	肠道黏膜出血，有假膜，肠壁扩张，充满气体和血样液体

（续）

病名	鉴别诊断										
	发病日龄	流行季节	群内传播	发病率	死亡率	主要症状	主要病变	卵泡、输卵管	气管、肺	肝脏	胃肠道
鹅维生素A缺乏症	全龄	四季均发	不传染	发病率高	幼龄鹅死亡率高	产蛋率、受精率、孵化率降低	眼内有干酪样物，有的失明，食道有小结节	眼观病变不显著	眼观病变不显著	有时有尿酸盐沉积	肠道黏膜表面存在大量出血现象
鹅黄曲霉毒素中毒	全龄；2~6周龄发病更重	四季均发，雨季多发	不传染	较高	幼龄鹅死亡率高	产蛋率、孵化率降低，贫血，腹泻，粪便呈白色，有时带血，死前角弓反张	肾脏肿大、出血，腺胃出血，肌胃糜烂，有时可见腹水	眼观病变不显著	眼观病变不显著	肿大、色浅苍白，有弥漫性出血和坏死	十二指肠卡他性炎症，有时可见出血

参考文献

[1] 刁有祥. 鹅病图鉴 [M]. 北京：中国农业科学技术出版社，2019.
[2] 陈伯伦，陈伟斌. 鹅病诊断与策略防治 [M]. 北京：中国农业出版社，2004.
[3] 陈国宏，王继文，何大乾，等. 中国养鹅学 [M]. 北京：中国农业出版社，2013.
[4] 刁有祥. 鸭鹅病防治及安全用药 [M]. 北京：化学工业出版社，2016.
[5] 程安春. 养鹅与鹅病防治 [M]. 2 版. 北京：中国农业大学出版社，2004.
[6] 刘金华，甘孟侯. 中国禽病学 [M]. 2 版. 北京：中国农业出版社，2016.
[7] 唐熠. 坦布苏病毒的分离鉴定及重组腺病毒介导 shRNA 抑制坦布苏病毒在体外复制的研究 [D]. 泰安：山东农业大学，2013.
[8] 王来有. 鹅业大全 [M]. 北京：中国农业出版社，2012.
[9] 魏刚才，齐永华. 鸭鹅科学安全用药指南 [M]. 北京：化学工业出版社，2012.
[10] 张西臣，李建华. 动物寄生虫病学 [M]. 3 版. 北京：科学出版社，2010.
[11] SAIF Y M. 禽病学 [M]. 苏敬良，高福，索勋，译. 12 版. 北京：中国农业出版社，2012.
[12] 奚雨萌，闫俊书，应诗家，等. 雏鹅痛风发病原因及其防控技术 [J]. 中国家禽，2018，40(23)：63-66.
[13] 曹旭阳. 新型鹅细小病毒 VP3 蛋白的原核表达及荧光定量 PCR 检测方法的建立 [D]. 呼和浩特：内蒙古师范大学，2019.
[14] 陈化兰，于康震，步志高. 一株鹅源高致病力禽流感病毒分离株血凝素基因的分析 [J]. 中国农业科学，1999，32(2)：87–92.
[15] 陈金顶，任涛，廖明，等. 鹅源禽副粘病毒 GPMV/QY97–1 株的生物学特性 [J]. 中国兽医学报，2000，20(2)：128–131.
[16] 余旭平，郑新添，何世成，等. 鹅圆环病毒浙江永康株全基因组的克隆及序列分析 [J]. 微生物学报，2005，45(6)：860–864.
[17] 张玉杰，孙宁，刘东，等. 鹅星状病毒的分离鉴定及全基因组序列分析 [J]. 畜牧兽医学报，2020，51(11)：2765–2777.